数字平面制作
——Photoshop
图像处理

U0162838

主　编　郑思　李梦云　游宇
副主编　高培　何飞红　罗伊
参　编　朱亮　陈槿东　邓帷

南京大学出版社
NANJING UNIVERSITY PRESS

图书在版编目（ＣＩＰ）数据

数字平面制作 : Photoshop 图像处理 / 郑思 , 李梦云 , 游宇主编 . -- 南京 : 南京大学出版社 , 2024.1
ISBN 978-7-305-27431-2

Ⅰ . ①数… Ⅱ . ①郑… ②李… ③游… Ⅲ . ①图像处理软件 Ⅳ . ① TP391.413

中国国家版本馆 CIP 数据核字（2023）第 233366 号

出版发行　南京大学出版社
社　　址　南京市汉口路 22 号　　邮　编　210093
书　　名　**数字平面制作——Photoshop 图像处理**
　　　　　SHUZI PINGMIAN ZHIZUO—— PHOTOSHOP TUXIANG CHULI
主　　编　郑　思　李梦云　游　宇
责任编辑　刁晓静

照　　排　南京新华丰制版有限公司
印　　刷　南京凯德印刷有限公司
开　　本　889mm×1194mm　1/16　印张 9.25　字数 320 千
版　　次　2024 年 1 月第 1 版　2024 年 1 月第 1 次印刷
ISBN　978-7-305-27431-2
定　　价　56.00 元

网址：http : //www.njupco.com
官方微博：http : //weibo.com/njupco
微信服务号：njuyuexue
销售咨询热线：（025）83594756

前 言

Photoshop（简称PS）是Adobe公司开发的图像处理软件，被广泛应用于广告、摄影、设计、多媒体制作等领域。Photoshop可以进行图像调整、修复、合成、美化等各种操作，同时也具备丰富的插件和滤镜效果，可以让用户轻松实现各种创意和想法。

本教材以立德树人为根本任务，依托于省级精品在线开放课程，建设了丰富的配套数字化资源，以传授基础知识与培养专业能力并重，使教材具备实践性、开放性、互动性和创造性。教材内容建设紧跟设计行业发展趋势，融入设计新技术、新工艺、新规范，并根据岗位典型工作任务进行项目化设计，充分挖掘课程的工匠精神、时政热点、创新精神、绿色生态的设计理念等思政元素。任务实施结合最新Photoshop软件版本进行示范讲解，使学习者不仅能熟练掌握软件应用技巧，学习丰富的设计经验，还可以培养科学严谨的设计态度和习惯，提升设计审美水平和创新设计能力，增强版权保护意识，感受传统文化的独特魅力。

本书的内容分为7个项目、15个子任务:项目1初识Photoshop，讲解Photoshop软件的基本操作，认识软件应用领域，熟悉设计岗位流程；项目2图像的选取，讲解套索工具、魔棒工具、选框工具等，选取图像，替换背景；项目3图像修饰，讲解色阶、曲线等命令对图像进行色彩调整，并运用修复工具对图像修饰美化；项目4图形是怎么绘制的，通过对钢笔工具、路径等的讲解，培养科学严谨的绘图能力和工作态度；项目5是PS中的百变文字，通过文字工具、文字变形、图层样式等感受传统文化的独特魅力；项目6图像后期处理，讲解滤镜、通道、蒙版等进阶操作，从而掌握后期处理技巧；项目7"动"起来的PS，讲解时间轴与帧动画，使静态图像动起来，从而提升综合设计实践与数字创新能力。在每个项目中都包括"项目导入——学习目标——任务描述——知识导航——任务实施——知识拓展——项目小结——课后实践"8个环节。学习内容层层推进，环环相扣，使学习者达到知识、技能、素质同步提升的目标。

作者总结多年的教学经验，编写了本教材以供读者学习，书中若存在疏漏或不足之处，恳请广大读者批评指正。

编者

目　录

项目一 初识Photoshop

【项目导入】

配套资源

Adobe Photoshop，简称"PS"，是由Adobe开发和发行的图像处理软件，经历了一个日臻完善逐步强大的过程，也是设计类专业的主要应用软件之一，能够运用于海报设计、包装设计、界面设计、摄影后期、室内设计等多个领域。本项目通过"图像基本编辑""倾斜图像校正""从Q版华服女孩认识图层"这三个任务来揭开Photoshop软件的神秘面纱，开启Photoshop的学习之旅。

【学习目标】

1.初识Photoshop软件，了解软件的工作界面，掌握文件新建、打开、存储、关闭等基本操作；

2.学习Photoshop软件中图像文件、位图、矢量图、分辨率、像素、色彩模式等术语，了解图层的基本操作，学会调整和矫正图像；

3.激发Photoshop课程的学习兴趣，通过对软件界面的管理，培养良好的设计习惯。

任务1 图像基本编辑

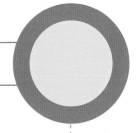

【任务描述】

在实际的设计岗位中经常需要对图像进行编辑，如以下任务：要求将一张用于印刷的图像文件《宏村》（图1-1），在不改变图像大小的基础之上提高分辨率，并将颜色模式更改为印刷模式CMYK，你能否完成？

图1-1 《宏村》

【知识导航】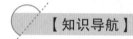

Photoshop的工作界面及其相关术语

在对图像进行基础调整时，首先需要了解Photoshop软件的工作界面和操作领域，并认识图像文件、分辨率、颜色模式等术语。

Photoshop的工作界面

Photoshop的工作界面由菜单栏、工具箱、工具选项栏、图像窗口、状态栏、面板等组成。如图1-2。

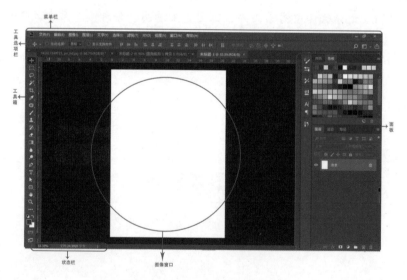

图1-2 Photoshop工作界面

1.菜单栏

菜单栏位于界面的顶部，由文件、编辑、图像、文字、滤镜等组成，不同的菜单下有不同的工作命令，选取任意一个即可实现相应的命令操作，在命令后有相对应的英文快捷键，直接在键盘上使用快捷键可执行相应的命令，如图1-3。

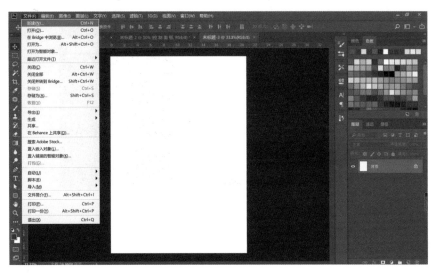

图1-3　快捷键

2.工具箱

工具箱位于Photoshop界面的左侧，通常情况下默认的是长竖条，单击工具箱上方的 >> 按钮可将工具箱变为并列的两竖排。工具箱中包括移动工具、选框工具、吸管工具、渐变工具、文字工具、钢笔工具等用于创建和编辑图像的各种工具按钮，在工具右下角的小三角形意味着该工具下还有隐藏的工具，如图1-4。

图1-4　隐藏的工具

3.工具选项栏

工具选项栏位于菜单栏的下方，当选择某个工具之后，工具选项栏就会显示当前工具的具体选项。例如单击画笔工具，工具选项栏则可以对笔触的软硬程度、笔触大小、形状、不透明度、平滑度、画笔设置面板等进行调整。

4.图像窗口

图像窗口是图像文件内容显示、编辑或处理的区域。

5.面板

面板位于软件界面的右侧，可以编辑图层、撤销编辑、选择颜色等，面板通常情况下都是以面板组的形式出现，可以对它进行组合、拆分、关闭、打开等操作，在菜单栏"窗口"下拉列表中可以勾选多个面板，如图1-5。

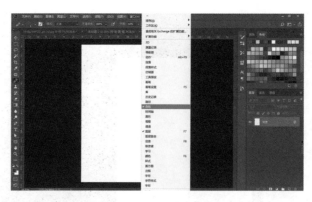

图1-5　勾选面板

学习Photoshop的相关术语

1.图像文件

图像文件包括位图与矢量图。位图图像由多个像素点构成，每个像素点都有特定的位置和颜色值，不同排列和着色的像素点组成了一幅色彩丰富的图像。将位图放大到一定程度后，即可看到位图是由一个个小方块组成，这些小方块就是像素，因此位图图像也称点阵图或像素图，如图1-6放大后呈现图1-7的像素点。

图1-6　位图　　　　　　　　　　　图1-7　像素点

位图图像质量由分辨率决定，单位面积内的像素越多，分辨率越高，图像效果也就越好。矢量图是用一系列计算机指令来描述和记录的图像，它由点、线、面等元素组成，所记录的对象主要包括几何形状、线条粗细和色彩等。与位图不同的是，矢量图清晰度和光滑度不受图像缩放的影响。常见的矢量图格式有cdr、ai、eps等，如表1-1。

表1-1　位图与矢量图对比

类别	位图	矢量图
组成	像素	图形（对象）
放大是否失真	失真	不失真
存储空间	相对较大	相对较小
文件大小影响因素	像素数量即色彩丰富程度	图形的复杂程度
特点	色彩丰富，可逼真再现多彩世界	色彩相对简单，常用于制作标志、文字等
编辑软件	Photoshop等	Illustrator、AutoCAD等

　　下面我们通过两幅图像来说明矢量图形的构成和特点。左图1-8是一幅矢量图形，右图1-9是左图通过n倍放大后的图像，从图中可以看出矢量图形经过n倍放大后不会产生锯齿效果，其清晰度和光滑度不受图像缩放的影响。

图1-8　矢量图　　　　　　　　　　　　图1-9　放大图

2.像素

　　像素是构成位图图像的最小单位，是位图中的一个小方格。像素是组成位图图像最基本的元素，每个像素在图像中都有自己的位置，并且包含了一定的颜色信息，单位面积上的像素越多，颜色信息越丰富，图像效果就越好，文件也会越大，图1-10。

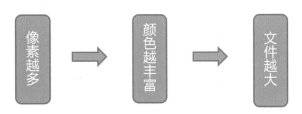

图1-10　像素与图像的关系

3.图像分辨率

　　图像分辨率指图像单位长度所包含的像素个数，单位为像素/英寸或是像素/厘米。图像分辨率能够反映图像的细节表现情况，直接影响图像质量。图像分辨率越高，图像越清晰，图像所占用的存储空间也越大。在实际生活中，可以根据用途选择合适的图像分辨率，如图1-11分辨率为72dpi，图1-12的分辨率为300dpi。

图1-11　72dpi　　　　　　　图1-12　300dpi

4.色彩模式

色彩模式是用来描述和表示颜色的各种算法或模型，它决定着一幅图像用什么样的方式在计算机中显示或打印输出。常用的颜色模式有：RGB模式、CMYK模式、Lab模式、索引模式、位图模式、灰度模式、多通道模式和双色调模式，见表1-2。

表1-2　常用色彩模式

模式	构成方法	特点	作用
RGB（默认）		以红、绿、蓝为基色的加色法混合方式，也称为屏幕显示模式	色彩显示绚丽，但显示与打印效果不符
CMYK		以青、红（洋红、品红、桃红）、黄、黑为基色的四色打印模式	显示与打印效果基本一致
Lab	由国际照明委员会制定的，具有最宽的色域，是Photoshop内部色彩模式 L：色彩亮度 A：由深绿到灰到亮粉红色的转变 B：由亮蓝到灰到焦黄色的转变		
HSB	H：色相，组成可见光谱的单色范围：0~360度 S：饱和度，色彩鲜艳程度 B：亮度，颜色明暗程度；　范围：各为0%~100%		
位图	1位图像（位指2的N次幂种颜色），黑白位图，由黑白两种颜色构成画面。 16位，　32位，64位位图		
灰度	8位图片，由256级灰阶构成的图片		

【任务实施】

1.启动Adobe Photoshop，如图1-13，执行"文件>打开"命令，在Photoshop中打开需要调整的风景素材，如图1-14。

图1-13　启动软件　　　　　图1-14　打开素材

2.选择"图像>图像大小",弹出"图像大小"对话框,取消勾选"重新采样",将分辨率从150dpi调整至300dpi,图像大小不会发生变化,如图1-15至1-17。

图1-15　选择对话框

图1-16　弹出对话框

图1-17　调整分辨率

3.执行"图像>模式>CMYK",将色彩模式由RGB更改为CMYK颜色模式,如图1-18。

4.最后执行"文件>存储为"命令后,点击保存,最终完成任务1,效果如图1-19所示。

图1-18　更改色彩模式

图1-19　保存图像

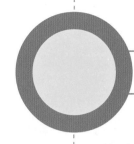

任务2 倾斜图像校正

【任务描述】

在我们的生活中经常会使用手机或相机去捕捉生活中的美好，例如记录旅行途中美丽的江河湖海、高山森林，记录孩童嬉戏、家庭和睦的温馨瞬间，记录春暖花开、万物复苏的神奇过程等，但也会遇到所拍摄的照片不尽如人意的情况，如图1-20，照片因拍摄角度的问题，出现画面倾斜、构图不完整的情况，我们如何运用Photoshop软件来修复这张风景图呢？

图1-20 倾斜图像

【知识导航】

裁剪工具校正图像

裁剪工具

裁剪工具 ⌗ 是工具箱中常用工具之一，通常用于图像的裁剪和倾斜图像的矫正，在裁剪工具的工具选项栏中有"等比例裁切菜单""拉直""内容识别"等功能选项，如图1-21；"等比例裁切菜单"中包含1：1、4：5、5：7等常用照片尺寸。单击"拉直"按钮，在画面中绘制一条水平线可以有效改善视平线歪斜的照片；"内容识别"是指在对选定区域进行填充操作时，Photoshop软件对填充选区与背景之间自动识别，使调整后的画面更自然，它的快捷键是Shift+F5，在菜单栏中执行"编辑>填充"也可打开填充对话框，如图1-22，在"内容"中可以选择填充前景色、背景色、内容识别等。

图1-21　裁剪工具选项栏

图1-22　填充对话框

　　选择裁剪工具后，在画面中运用鼠标拖动可以在画面中出现裁剪框，在裁剪框内双击鼠标左键或按"Enter"键确认，即可获得框内的图案；移动鼠标指针到裁剪框外，将指针放在裁剪框的控制柄上，当指针呈 ⤵ 形状时拖动鼠标，即可旋转裁剪图像。

　　文件存储格式

　　在存储图像时，要根据要求选择文件的存储格式，不同类型的文件格式也不相同，图像文件格式就是储存图像数据的方式，保存图像时，可以在弹出的对话框中选择图像的保存格式，如图1-23。最常用的存储格式包括PSD格式、JPEG格式、PNG格式等。

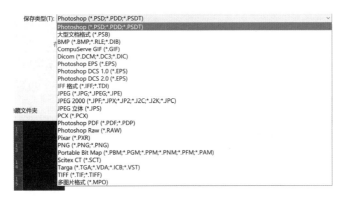

图1-23　图像存储格式

　　1.PSD格式

　　PSD格式是Photoshop软件的专用格式，也是快捷键Ctrl+S默认存储模式，支持网络、通道、图层等所有Photoshop的功能，可以保存图像数据的每一个细节，并且便于下次修改，是较为常用的存储格式。

2.JPEG格式

当所有编辑完成以后可以根据用途来定储存格式。如果图像用于打印、网络发布、Email传送或电脑等设备，为方便浏览可以储存为JPEG的格式。JPEG是数码相机默认的文件格式（扩展名.jpg或.jpeg）。JPEG格式支持CMYK、RGB和灰度的色彩模式，是最常见的图片格式，较为常用。

3.PNG格式

这是专门为Web开发的，它是一种将图像压缩到Web上的文件格式，PNG格式的图片可以实现图像的透明底图效果，如图1-24，当图片保存为JPEG格式时，系统会自动填充白色背景，如图1-25。

图1-24　PNG格式　　　　　　　　图1-25　JPEG格式

4.GIF格式

这是输出图像到网页最常用的格式，GIF格式采用LZW压缩，它支持透明背景和动画，被广泛应用在网络中。

Photoshop中的其他存储格式如下表1-3。

表1-3　图像存储格式

PDF	较为流行的电子文件格式，应用于电子图书、产品说明、网络资料等领域。
EPS	在排版软件中以低分辨率预览，而在打印时以高分辨率输出，可以支持裁切路径，可以用来存储位图图像和矢量图形。
BMP	Photoshop最常用的点阵图格式，此种格式的文件几乎不压缩，占用磁盘空间较大，不支持Alpha通道，这是最稳定的格式。
TIFF	一种通用的文件格式，所有绘画、图像编辑和排版程序都支持该格式，而且几乎所有的桌面扫描仪都可以产生TIFF图像格式。
BMP	微软开发的固有格式，这种格式被大多数软件所支持。BMP格式采用了一种称为RLE的无损压缩方式，对图像质量不会产生影响。
RAW	一种灵活的文件格式，主要用于在应用程序与计算机平台之间的传输图像。RAW格式支持Alpha通道的CMYK、RGB和灰度模式，以及无Alpha的多通道、Lab、索引和双色模式。
PBM	支持单色位图（1位/像素），可用于无损数据传输。
DICOM	通常用于传输和保存医学图像，如超声波和扫描图像，包含图像数据和标头。

【任务实施】

1.启动Adobe Photoshop，执行"文件>打开"命令，在Photoshop中打开需要调整的风景素材，如图1-26。

图1-26　风景素材

2.选择工具箱中的裁剪工具，点击工具选项栏的"拉直"图标 ![拉直]，在画面中找一条水平线的位置，鼠标左键单击拉直，如图1-27。

图1-27　拉直

3.以刚刚画的线为水平线来校正画面，勾选"内容识别"，裁剪后的空白区域智能填充了画面内容，如图1-28。

图1-28　内容识别

4.最后执行"文件>存储为"命令后，弹出"另存为"对话框，保存类型中选择JPG图像格式，如图1-29，完成倾斜图像的校正。图1-30调整后的效果如图1-31所示。

图1-29　保存图像

图1-30　原像

图1-31　校正图像

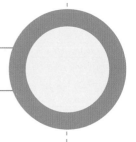

任务3　从Q版华服女孩认识图层

【任务描述】

　　华服是中华民族传统服饰，是对民族文化的认同与传承。近些年，"国风热"也开始在各地逐渐兴起，当千年前的"潮流元素"与当代的Q版角色相结合会碰撞出怎样的火花呢？图1-32是华服女孩卡通人物角色在Photoshop软件中的多个图层，请将图片通过调整大小、位置和图层之间的关系，使其有序地呈现出来，形成一张完整的Q版角色。

图1-32　Q版华服女孩素材

【知识导航】

图层的原理及相关操作

移动工具

　　移动工具 位于工具箱的最顶部，用于调整图层的位置；在选择的图层中，鼠标左键按住拖动，能够大幅度移动该图层中的图像，当勾选工具状态栏"自动选择"时，可以在图像窗口中移动选中的图像，如图1-33。使用键盘上的方向键，单击一次移动1px，实现小幅度的图像移动。

图1-33　自动选择

图层

Photoshop是一款以"图层"为基础操作单位的制图软件，"图层"是Photoshop进行一切工作的载体。在Photoshop中绘图就像在纸张上绘画，如果从头到尾都绘制在一张纸上，一旦出现错误就需要全部重新来画，如果在透明的纸张上将图像分成各个部分、各个层级来绘制，完成之后再重叠在一起，构成一幅完整的作品，这样即使在中途出现失误，只需要调整相应的一张画纸即可。图层就是Photoshop软件中"透明的画纸"，以分层的形式编辑和显示图像，不影响其他图层的内容。

1.图层面板

在Photoshop中，大部分与图层相关的操作都需要在"图层"面板中进行，"图层"面板位于软件界面的右侧，在菜单栏中的"窗口"中选择关闭或显示图层面板，它的快捷键是F7。首先我们来认识一下"图层"面板，在"图层"面板中可以隐藏/显示图层、新建/删除图层、图层锁定、图层过滤、链接图层、调整图层样式等，如图1-34。

图1-34　"图层"面板

2.图层的选择

如果要对文档中的某个图层进行操作，就必须在"图层"面板中选中该图层。可以选择单一图层，也可以选择多个连续的图层或选择多个非连续的图层。如果要选择一个图层，只需要在"图层"面板中单击该图层即可将其选中；如果选择多个连续的图层，先选择位于连续顶端的图层，按住Shift键单击位于连续底端的图层，即可选择相连续的图层；按住Ctrl+鼠标左键单击图层可以选择多个非连续的图层；选择移动工具，按住鼠标左键在图像窗口拖出一个矩形框，被框起来的对象所在的图层也可以被选中。

3.图层的操作

当选中某图层后单击鼠标右键也可以调整混合选项、复制/删除图层、转换为智能对象、合并可见图层、栅格化图层、选择链接图层等，如图1-35。

图1-35　图层操作

・智能对象是包含栅格或矢量图像中的图像数据的图层，智能对象将保留图像的源内容及其所有原始特性，能够有效防止对原始对象进行破坏性编辑，如图1-36。

图1-36　智能对象

·栅格化图层是指把矢量图转变为位图或像素图层，选择"图层>栅格化"菜单下的子命令也可以进行栅格化操作，如图1-37。

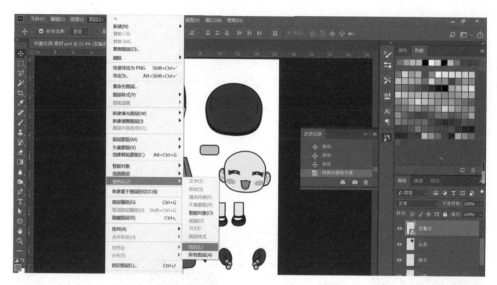

图1-37　栅格化图层

·链接图层是指把多个图层关联到一起，以便对链接好的图层进行整体的移动、复制、剪切等操作，进而提高操作的准确性和效率，在"图层"面板选中多个图层，右击空白处，选择"链接图层"命令可以创建图层链接，如图1-38。

图1-38　链接图层

自由变换工具

自由变换工具可以对单一图层或者多个图层进行自由旋转、比例、倾斜、扭曲、透视和变形操作。在菜单栏的"编辑"里可以打开自由变换，如图1-39，也可以使用快捷键Ctrl+T。对图层进行自由变换操作后，会出现八个操控点，将鼠标放置在操控点上，可以进行大小调整以及压缩的操作，如图1-40。在图像中右键点击鼠标，会出现关于自由变换的图像操作如图1-41，可以根据不同的需要进行图像的编辑。图像在自由变换的状态下，按住快捷键Ctrl配合鼠标键可以对点进行拉伸操作，如图1-42。按住Shift可以控制方向、角度等比例放大缩小图像。

 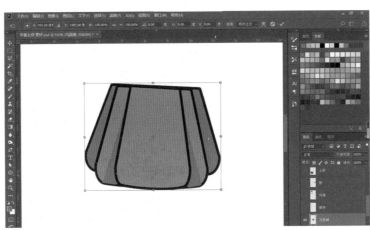

图1-39　打开"自由变换"　　　　　　　　图1-40　操控点

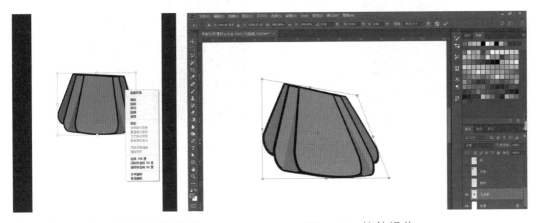

图1-41　自由变换操作菜单　　　　　　　图1-42　拉伸操作

【任务实施】

　　1.启动Adobe Photoshop，执行"文件>打开"命令，在Photoshop中打开素材文件，如图1-43。

　　2.显示"脸""刘海""头发"三个图层，将其他图层隐藏，图层从上至下的顺序依次是"刘海""脸""头发"，使用移动工具调整三个图像的位置，效果如图1-44。

图1-43　打开素材文件

图1-44　头部移动调整

3.显示"发髻左"和"发髻右"图层，按住Ctrl选中两个图层，在图层面板中按住鼠标左键拖曳调整图层顺序，将两个图层调整至"头发"图层的下面，如图1-45。

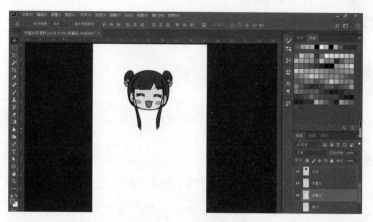

图1-45　"发髻"调整

4.将"上袄""脖子"图层移动到"脸"图层下方，图层顺序如下图，并显示图层，调整图像位置，效果如图1-46。

图1-46 上身调整

5.显示"马面裙"和"双腿"图层，调整图层顺序，放置在"上袄"下层，效果如图1-47。

图1-47 下身调整

6.显示并选择"装饰"图层，按住Ctrl+T快捷键，此时图像四周出现八个节点，按住Shift键放大图像，再移动到合适位置，如图1-48。

7.最后执行"文件>存储为"命令后，将文件存储，完成Q版华服女孩图层排列，效果如图1-49。

图1-48　"装饰"图层

图1-49　完成图像

【知识拓展】

《立夏》海报

　　二十四节气，是中华文明的文化瑰宝，是古代人民流传下来的生活美学。为适应现如今的数字化时代，传统文化的传承与发展也置入了多样的展现形式，其中提取二十四节气的文化元素并以海报形式呈现，是融媒体展示在数字化平台上的传播手段之一，这也能够更直观地显现传统文化的时令魅力。

　　"孟夏之日，天地始交，万物并秀。"立夏是蕴育万物促其旺盛生长的好时节，央视新闻在立夏之时发布了节气海报，描绘了一幅"绿树浓荫、万物茂盛"的景象，如图1-50。画面中"立夏"文字与背景森林融为一体，树枝巧妙地遮挡住文字笔画，仿佛"立夏"是葱郁大树下的一条大道。"立夏""森林"

图1-50　节气海报

本是单独的两个图层，图层之间通过相互重叠，产生空间上的秩序感，用具有趣味性和凸显层次感的图片彰显了节气主题。

 【项目小结】

　　Photoshop是最常见的图像处理软件，在软件中我们能够实现天马行空的创意，也能让人像达到颜值的巅峰，它是改天换地的神器，也是精通所有艺术风格的大师，它不仅仅是一个工具，更是承载想法和创意的容器，本项目初次讲解Photoshop软件，从实际的企业任务和有趣的图像案例出发，使学习者在熟悉软件的同时，也能够激发创作的积极性，为之后的学习奠定应用基础。

 【课后实践】

　　每个人心中的春天有繁花似锦、细雨绵绵，夏天有蔚蓝天空、绿树成荫，秋天有硕果累累、秋兰飘香，冬天有银装素裹、白雪皑皑，请同学们运用手机或者相机，将身边的四季拍照记录下来，为之后运用PS修图与设计的学习丰富自己的图片素材库，如图1-51。

图1-51　搜集素材

项目二　PS中任你选——图像的选取

配套资源

【项目导入】

在Photoshop 软件中通常需要对图片的部分内容进行修改，如何选中你想要的区域呢？使用PS中的选框工具组、套索工具组、魔棒工具组就可以轻松实现。不同的工具组中包含多个创建选区的工具，这些工具分别有自己不同的特点，适合创建不同类型的选区。本项目通过"旅行的小黄鸭""证件照的制作"典型任务来学习选区编辑图像的方法。

【学习目标】

1.掌握选框工具、套索工具、快速选择、魔棒工具创建选区的方法，能够创建不同形状的选区，并能够根据需要抠取的主体物的特征选择合适的工具。

2.可以对选区进行基本变换、羽化、反选、颜色填充、图案填充等操作，学会对图像颜色进行提取。

3.通过案例制作提高软件实操能力，并激发对生活的热爱与关注。

任务1　旅行的小黄鸭

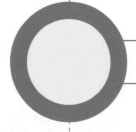

【任务描述】

在繁忙的工作和学习之后，人们往往会选择旅行这种方式来释放压力调节情绪，感受大自然的美好风光和景区独特的地域风情文化，主人公小黄鸭也幻想着能够环游世界，接下来请同学们运用Photoshop将小黄鸭从黑色的背景中抠取出来，并将小黄鸭的背景置换成美丽的风景图，完成小黄鸭环游世界的梦想，素材如图2-1、图2-2。

图2-1　风景图　　　　　　　图2-2　小黄鸭

【知识导航】

选框、套索工具及选区修改

选框工具

当需要创建规则选区时，可以使用选框工具组。选框工具位于工具箱中移动工具的下方，包括矩形选框工具、椭圆选框工具、单行选框工具、单列选框工具，如图2-3。选框工具可以对选框内图像进行编辑，例如局部填充、局部调色、局部复制、局部删除等。

图2-3　选框工具

1.选区的绘制与取消

单击选框工具，按住鼠标左键并在图上拖曳就可以绘制出矩形和椭圆形选区，如图2-4。按住Shift键可以绘制正方形和正圆形选区，如图2-5；按住Shift+Alt键可以绘制一个以某点为中心的正方形或者正圆选区。取消选区的快捷键是Ctrl+D，也可以在"选择"菜单下点击"取消选择"，如图2-6。全选图像的快捷键是Ctrl+A，或者在菜单栏中点击"选择>全选"。

图2-4　矩形选区　　　　图2-5　正方形选区

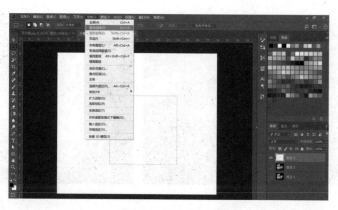

图2-6　取消选框

2.选区的运算

选择选框工具、套索工具和魔棒工具时，在工具选项栏中都可以在当前的选区上添加、减少、交叉选区，如图2-7。

a.新生成一个选区（移动选区）
b.在原有基础上，添加选区
c.在原有基础上，减去选区
d.保留两个选区相交部分

图2-7　选区运算

增加选区：在已有选区的情况下增加选区，按住Shift键可以增加选区，如图2-8；

减少选区：在已有选区的情况下减少选区，按住Alt键可以在当前选区上减去选区，如图2-9；

交叉选区：保留新选区与原有选区的公共部分，按住shift+Alt键，可以得到新选区当前选区相交的选区。

图2-8　增加选区　　　　　图2-9　减少选区

套索工具

套索工具创建的是不规整选区，包括套索工具、多边形套索工具和磁性套索工具，如图2-10。套索工具通过拖动可以自由地绘制选区，如图2-11；多边形套索是直线形的套索，如图2-12；磁性套索可以自动吸附物体的边缘确认选区，因此磁性套索工具比较适合选择轮廓较为清晰的图像。

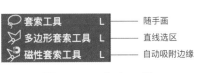

图2-10　套索工具　　　　图2-11　绘制选区　　　图2-12　多边形套索

选区修改

修改选区的命令在"选择>修改"中，包括边界、平滑、扩展、收缩、羽化，如图2-13。

图2-13　修改选区

·边界：设置选区边缘的宽度，使其成为轮廓区域。

·平滑：对边缘进行平滑处理，半径越大，边缘越平滑。

·扩展：按指定像素扩展选区。

·收缩：按指定像素收缩选区。

·羽化：将选区的边缘进行淡化处理。使用选区工具前，在工具选项栏填羽化值（0-250），羽化值越大，边缘越模糊，如图2-14至2-15。如果已有选区，必须使用"选择"菜单下的"羽化"或按住快捷键Shift+F6，再填入羽化值。

图2-14　羽化值

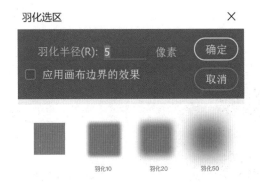

图2-15　羽化效果

【任务实施】

1.执行"文件>打开"命令将素材"风景图"在Photoshop软件中打开,如图2-16。

图2-16 打开"风景图"素材

2.执行"文件>打开"命令将"小黄鸭"素材打开,使用移动工具将小黄鸭拖曳到"风景图"文件中,如图2-17。

3.将小黄鸭抠取出来。选择"磁性套索工具",沿着小黄鸭的外形轮廓线移动鼠标,智能吸附出需要抠取的主体物,如图2-18。

图2-17 打开"小黄鸭"素材　　　　　图2-18 抠取对象

4.将小黄鸭载入选区之后,按住快捷键Ctrl+Shift+I进行反选,如图2-19。

5.按住Delete键,删除素材中的黑色背景,使用快捷键Ctrl+D取消选区,如图2-20。

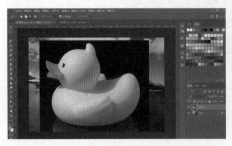 

图2-19 反选对象　　　　　　图2-20 删除背景

6.按住快捷键Ctrl+T，使用自由变换工具将小黄鸭调整到合适的大小和位置，如图2-21。

图2-21　调整对象

7.接下来制作小黄鸭在水面上的倒影。在图层面板中选择"小黄鸭"图层右键点击复制图层，或使用快捷键Ctrl+J进行图层复制。按住快捷键Ctrl+T打开自由变换工具，右键点击"垂直翻转"，使用移动工具将复制后的"小黄鸭"调整到合适位置，如图2-22至2-23。

图2-22　复制变换对象　　　　　图2-23　制作倒影

8.调整"小黄鸭拷贝"图层的顺序，调整拷贝图层的不透明度为20%，如图2-24。点击工具箱中的加深工具，分别在"小黄鸭"图层和"拷贝"图层的衔接处使用鼠标左键点击加深，制作水面的阴影部分，增加倒影的自然感，如图2-25。

图2-24　调整图层　　　　　　　图2-25　制作阴影

9.执行"文件>存储为"命令将完成后的任务保存为"JPEG"格式，最终完成小黄鸭的旅行梦，效果如图2-26。

图2-26　效果图

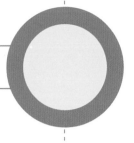

任务2 证件照的制作

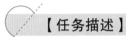

【任务描述】

我们一直致力于用照片来展现被拍摄者的生活态度，一张精致的证件照无疑是满足被拍摄者自我表达的绝佳物件，无论是升学还是求职，它都能起到锦上添花的作用。在我们的Photoshop软件中就可以自己制作很Nice的证件照，如图2-27至2-28，你能完成证件照的制作吗？

图2-27 原照　　　　　图2-28 证件照

【知识导航】

魔棒工具组与颜色填充

对象选择工具

在Photoshop软件中打开的图像包含多个对象，但你只需要选择一个对象或者对象的某一部分时，可以使用对象选择工具，如图2-29。在工具选项栏中有两种选择模式，分别是矩形和套索，如图2-30，只需在对象周围绘制矩形区域或套索，对象选择工具就会自动选择已定义区域内的对象，如图2-31，"增强边缘"能够减少选区边界的粗糙度和块效应。

图2-29 对象选择工具

图2-30　矩形和套索

图2-31　选择对象

快速选择工具

快速选择工具是基于画笔模式的选择工具，单击鼠标左键拖动，向外扩展选区，在使用过程中根据需要不断调整笔触大小，如图2-32。在工具选项栏中可以对增减选区进行画笔设置，对所有图层取样，自动增强等，如图2-32，除此之外，按住Shift键涂抹也可以增加选区，按住Alt键可以减少选区。

1、选区增减：画笔新建选区，在原有选区基础上增加选区和在原有选区基础上减去选区；
2、画笔选项：设置画笔大小、硬度、间距、角度、圆度、动态控制；
3、对所有图层取样：选区范围是指定图层还是所有图层；
4、自动增强：选区边缘更平滑。

图2-32　快速选择工具栏

魔棒工具

魔棒工具 是根据图像的饱和度、色度和亮度等信息来选择选区的范围。容差是魔棒工具的重要选项，用来确定选定像素的相似点差异，它的范围为0~255，通过调整容差值可以控制选区的精确度，容差值越大，选择的色彩范围越广，反之越小，如图2-33。在工具选项栏中"选择主体"可自动选择图像中突出的主体，它可以识别图像上的多种对象，包括人物、动物、车辆、玩具等，人物的头发和动物的毛发部分都能够创建详细的选区。

1、取样大小：图像中的某一种色彩处单击便可选取该色彩一定容差值范围内的相邻色彩区域；
2、容差：控制选择区域大小，容差值越大可选择的颜色范围越大，容差值越小可选择 的颜色范围越小；
3、消除锯齿：选取的区域会比较平滑，区域的边缘不会有锯齿；
4、连续：使用"连续"选项的话，如果颜色相近的区域没有连在一起也可以被选中，不使用"连续"选项的话，就只有相连的颜色相近的区域才会被选中；
5、对所有图层取样：操作时是针对一个图层进行操作的，不管怎么操作，只对这一 个图层有影响，如 果选对所有图层取样，在用魔棒选择的时候是对所有的都进行选择。

图2-33　魔棒工具栏

　　"选择并遮住"命令是Photoshop自带的一个强大的抠图工具，特别适合抠选毛发类图像。先创建选区，然后单击"选择并遮住"，进入工作界面，如图2-34，左列包括快速选择工具、调整边缘画笔工具、画笔工具、对象选择工具、套索工具、抓手工具和缩放工具；调整边缘工具是"选择并遮住"的最主要工具，适合在头发边缘绘制，保留发丝范围，使用该工具之前要注意，图像上必须要有一个基本的选区范围，否则该工具无法使用。在工作界面的右侧是属性面板，可以设置视图模式、边缘检测、全局调整、输出设置、净化颜色等。在选择图像时，使用不同的视图模式可以方便观察选择效果，但是选择不同的视图模式不会影响最终的抠图效果，如图2-35。边缘检测可以在原始选区的边缘起到类似调整边缘工具涂抹的作用，检测的边缘范围宽度一样，如果勾选"智能半径"，则会根据选区边缘（如头发丝范围）智能化选择边缘，这样可以更加灵活准确地选择边缘范围。全局调整是为了便于观察，我们可以在黑白视图模式下设置下面的参数：平滑是将选区边缘平滑，消除尖锐的边缘选区；羽化是将选区边缘羽化，使选择的图像边缘过渡自然；移动边缘是指扩大选区或缩小选区，如图2-36。输出设置是设置抠图完毕后，其结果输出的方式，包括选区、图层蒙版、新建图层等，如图2-37。"净化颜色"可以清除抠图后图像边缘存在的背景色痕迹，净化颜色的程度大小可以通过参数控制。

图2-34　　"选择并遮住"工作界面

图2-35　属性面板　　图2-36　全局调整　图2-37　输出设置

颜色填充

在Photoshop软件中可以对选择的区域进行填充，包括纯色填充、渐变填充和图案填充等，执行"编辑>填充"或者使用快捷键Shift+F5弹出"填充"对话框，在"内容"中选择需要填充的内容，如图2-38。

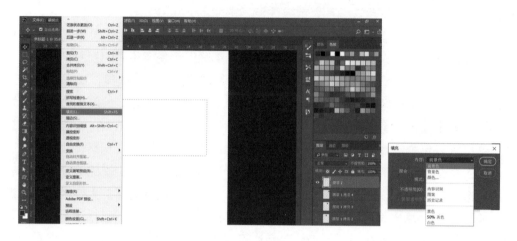

图2-38   "填充"功能

1.纯色填充

纯色填充可以是前景色填充、背景色填充、油漆桶工具填充。在工具箱中的底部可以看见前景色和背景色的按钮，如图2-39，单击前景色或者背景色图标就可以弹出"拾色器"对话框，在里面可以设置颜色，按住快捷键"X"可以切换前景色与背景色，如图2-40。选择工具箱中的吸管工具 🖊️ 鼠标左键单击，可以吸取图像中的任意色彩。

图2-39 前/背景色填充   图2-40 "拾色器"对话框

纯色填充常用的方法有两种。方法一：绘制一个选区，设置合适的前景色和背景色，使用快捷键Alt+Delete填充前景色，或快捷键Ctrl+Delete填充背景色；方法二：首先在画面中绘制选区，选择工具箱中的油漆桶工具，在选区中单击鼠标左键即可填充颜色，如图2-41。

图2-41   油漆桶工具

2.渐变填充

在Photoshop中渐变色的填充需要使用渐变工具。渐变工具 ▣ 位于工具箱中，点击工具选项栏的"颜色预览窗口"弹出渐变编辑器可以修改渐变颜色，如图2-42。渐变工具可以绘制五种渐变效果，分别是线性渐变、径向渐变、角度渐变、对称渐变和菱形渐变，如图2-43，渐变效果如图2-44。

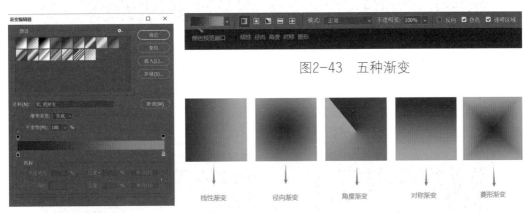

图2-43   五种渐变

图2-42   渐变编辑器   图2-44   渐变效果

3.图案填充

在Photoshop中还可以对选区进行图案填充，程序中已自带多个图案，选择不同的图案效果各不相同，如图2-45，除此之外，还可以从其预设面板的弹出菜单中选择更多的图案使用，如图2-46，也可以通过"编辑>定义图案"来编辑图案进行存储，以此来进行选区的自定义图案填充，如图2-47。

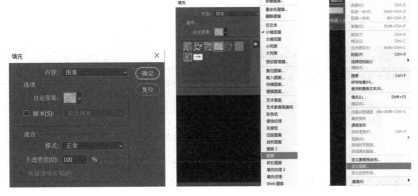

图2-45   图案填充   图2-46   更多图案   图2-47   自定义图案

【任务实施】

1.启动Adobe Photoshop，执行"文件>打开"命令，将照片素材打开，如图2-48。

2.单击魔棒工具，在工具选项栏中点击"选择主体"，然后单击"选择并遮住"，进入工作界面，如图2-49。

图2-48　打开素材

图2-49　选取对象

3.在右侧的视图中选择"叠加"，适当地调整"平滑""羽化""对比度"等数值，如图2-50。

4.勾选"净化颜色"，调整数值为100%，在"输出到"下拉列表中选择"新建带有图层蒙版的图层"，如图2-51。

图2-50　调整对象

图2-51　新建图层

5.点击"确定"，图层面板中出现了"背景拷贝"图层，完成主体人物的抠取，图2-52。

6.使用"文件>新建"命令，设置尺寸为"2.5×3.5厘米"，分辨率为300dpi，将抠取的人物拖曳至画布中，调整到合适位置，如图2-53，点击"确定"。

图2-52　完成对象抠取

图2-53　放置对象

7.新建一个空白图层，重命名为"底色"，调整图层顺序，将"底色"图层调整到"背景拷贝"图层的下方，如图2-54。

8.单击"前景色"图标，打开"拾色器"对话框，颜色数值为#29baee，如图2-55。

图2-54　"底色"图层　　　　　　　图2-55　设置前景色

9.选择油漆桶工具或者使用填充前景色快捷键Alt+Delete，在"底色"图层的图像中填充蓝色背景，如图2-56。

10.执行"文件>存储为"命令，将完成后的证件照保存为"JPEG"格式完成任务，如图2-57。

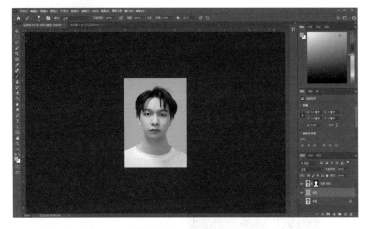 

图2-56　填充背景　　　　　　　图2-57　保存证件照

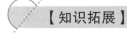【知识拓展】

当文物遇见绝美中国色

色彩与文物的碰撞会有怎样的呈现？中国传统色彩是缀连器物与文明的千年丝线，通过器物颜色的冷暖、强弱、刚柔，可以展现不同民族的审美、性格和深厚的文

汝窑天青釉瓷口洗碗

化内涵。"天青色等烟雨"这句词想必大家都能哼唱,其中的"天青色"就是绝美的中国传统色,天青色是汝窑的代表色,雨洗天青后的颜色,美得返璞归真,而汝窑的烧制也需要在烟雨天气中才可实现,徽宗以"雨过天青云破处,这般颜色做将来"为名,从此汝窑便有了天青色,见图2-58。"天青色""胭脂""月白""梅染""绛红",除了这些有着雅致名字和气韵渊源的中国古色,你还知道哪些中国传统颜色的雅称呢?

图2-58 汝窑

【项目小结】

本项目结合生活中常用的实际案例,对Photoshop软件中创建图像选区进行了讲解。通过分析主体物,讲解了边缘清晰物体和毛发主体物抠取方法的不同,并在任务中综合运用了选框工具、套索工具、魔棒工具、快速选择工具、对象选择工具等,在熟悉颜色填充工具的同时,拓展分享了中国传统色彩的诗意名称,感受了它的独特魅力。

抠图技法分享:

· 背景比较单一色彩的抠图可以使用快速选择工具抠图;

· 对于边缘光滑的,对图片质量要求高的抠图,可以选择钢笔工具抠图;

· 对于毛发的图形,可以选择"调整边缘"或者"选择并遮住"抠图方法。

【课后实践】

在Photoshop软件中经常需要将图像创建选区并进行更改,无论是照片后期处理还是在包装设计、海报设计等案例中都能经常看到"选区"的身影,如图2-59。请寻找身边优秀的案例,并从软件操作的角度分析使用的工具和方法。

图2-59 "选区"修图

项目三　　无可挑剔的PS——图像修饰

【项目导入】

配套资源

　　Photoshop的一个非常重要的功能就是对图像进行修复和美化，当需要对图像的色彩和色调进行调整美化时，运用色阶、曲线、色相/饱和度、Camera Raw滤镜等常用调色命令，能够使图像调出更有感染力的色彩；通过工具箱中的"修复工具组"更能够有效地解决图片中的瑕疵，例如人像面部的斑点、皱纹、红眼、环境中多余的人以及不合理的杂物等；调整人物脸型、眼睛大小、瘦身效果时需要使用液化滤镜。本项目从"绿水青山风景调色""人像照片美化"两个任务学习图像色彩调整与修复的方法和技巧。

【学习目标】

　　1.掌握不同方式的色彩调整方法，学会用数字语言改变图像色彩；

　　2.能够选择合适的修复工具对图像进行修复，并能恰当地运用液化滤镜完善人像修饰；

　　3.增强对色彩的观察力和表现力，并能主动从大自然和生活的细节中发现美、表现美。

任务1　绿水青山风景调色

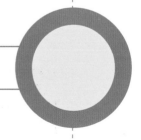

【任务描述】

　　风景摄影不仅仅是记录旅途的方式，更是一种情感的抒发，拍摄美丽风景需要抓住最美的瞬间，掌握恰到好处的明暗、光线、构图、曝光等，当拍摄的风景图像不尽如人意时，我们可以通过Photoshop对图像进行后期调色处理。如图3-1，这是一张曝光不好、画面较暗的风景图像，你能将它调整为色彩鲜艳的绿水青山风景美图吗？

图3-1　风景原图

【知识导航】

图像色彩调整的常用方法

　　在Photoshop软件中有三种方法对图像的色彩进行调整：第一种是执行"图像>调整"菜单下的命令，其中有亮度/对比度、色阶、曲线等，如图3-2，每一次色彩调整只会对当前图层进行修改。第二种方法是使用图层面板下方的"创建新的填充或调整图层"按钮，如图3-3，与第一种方法不同的是，"创建新的填充或调整图层"会影响该图层及以下图层的效果，可以重复修改参数，不会破坏原图层，并且还具备图层的相关属性。第三种方法是Camera Raw滤镜，它常用于摄影后期色彩调整。执行"滤镜>Camera Raw滤镜"打开面板，在这里可以对色彩进行更直观的调整，例如曝光值、亮度、黑白、对比度、清晰度、饱和度等，如图3-4，多个命令集中在一个软件界面中，使用非常方便。

　　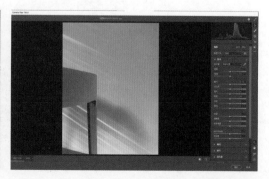

图3-2　方法一　　　　图3-3　方法二　　　　　图3-4　方法三

亮度/对比度

"亮度/对比度"可以对图像中的色调范围进行简单的调整。将亮度滑块向右移动会增加色调值并扩展图像高光，而将亮度滑块向左移动会减少值并扩展阴影。对比度滑块可扩展或收缩图像中色调值的总体范围，如图3-5。

图3-5　亮度/对比度调整

色阶

"色阶"命令可以通过修改图像的阴影区、中间调区和高光区的亮度水平，以调整图像的色调范围和色彩平衡，常用于调整曝光不足或曝光过度的图像，也可用于调整图像的对比度。执行"图像>调整>色阶"命令或按"Ctrl+L"组合键，弹出"色阶"对话框，对话框中间的直方图显示了图像的色阶信息，通常情况下，如果色阶的像素集中在右侧，则说明此图像的亮部所占的区域比较多，也就是图像整体偏亮。如果色阶的像素集中在左侧，说明此图像的暗部所占的区域比较多，也就是图像整体偏暗。如图3-6至3-7。

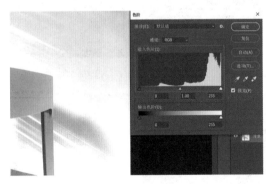
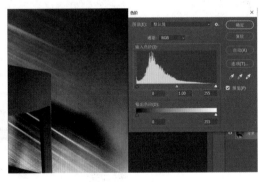

图3-6　图像偏亮　　　　　　　　　　图3-7　图像偏暗

"色阶"对话框中各选项的作用如下：

•通道：在该下拉列表框中可以选择要进行色调调整的通道。例如在调整RGB模式图像的色阶时，选择"蓝"通道，即可对图像中的蓝色调进行调整，如图3-8。

•输入色阶：在该文本框中输入数值或拖动黑、白、灰滑块，可以调整图像的高光、中间调和阴影，从而提高图像的对比度。向右拖动黑色或灰色滑块，可以使图像变暗；向左拖动白色或灰色滑块，可以使图像变亮。

•色阶中的三个吸管分别代表黑场、灰场、白场，也对应了画面中的阴影、中间调、亮部的关系，图3-9。

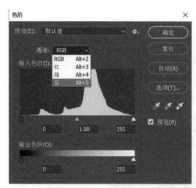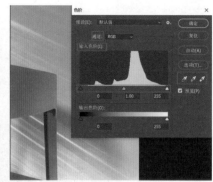

图3-8　通道　　　　　　　　　图3-9　输入色阶

曲线

　　"曲线"命令不仅可以调整图像的明暗，还可以对图像的亮度、对比度和色调进行调整。执行"图像>调整>曲线"命令或按"Ctrl+M"组合键，打开"曲线"对话框，在曲线上可以添加节点，将曲线变成各种各样的形态，从而达到我们想要的影调效果。选中点后向上拖动，是提高曝光度和亮度，向下拖动是调低亮度。一个点向上调亮后，在下方再选中一个点，向下调整，可以加强画面的对比度，如图3-10至3-12。

图3-10　上拖（提亮）　　　　　　　图3-11　下拖（调暗）

图3-12　加强对比度

　　在"曲线"对话框中各选项的作用如下：

　　·在"预设"下拉列表中可以选择预存的9种曲线预设效果，也可以通过输入数值，来调整曲线大小，如图3-13。

　　·通道中有RGB、红、绿、蓝四个属性，当我们选中红、绿、蓝中的其中一个属性后，再调整曲线时，会发现色彩会发生同通道色的变化，如图3-14。

　　·曲线修改的方式有编辑点和绘制线两种。单击 按钮，可在曲线上单击添加新的节点，单击 按钮可以通过手绘的形式自由绘制曲线，调整图像颜色。

 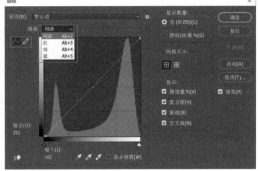

图3-13　预设曲线调整　　　　　　　图3-14　通道曲线调整

色相/饱和度

使用色相/饱和度，可以调整图像中特定颜色范围的色相、饱和度和明度，或者同时调整图像中的所有颜色。执行"图像>调整>色相/饱和度"或按住快捷键"Ctrl+U"打开对话框，如图3-15，对话框中具体的各项功能如下：

·色相：拖动滑块改变图像颜色。框中显示的值反映像素原来的颜色在色轮中旋转的度数。正值指明顺时针旋转，负值指明逆时针旋转。值的范围可以是-180到+180。

·饱和度：向右拖动滑块增加饱和度，向左拖动滑块降低饱和度。

·明度：拖动滑块调整图像明度。

·着色：选中"着色"后会将彩色图像自动转换成单一色调的图像。如果前景色是黑色或白色，则图像会转换成红色色相（0度）。如果前景色不是黑色或白色，则会将图像转换成当前前景色的色相，如图3-16。

图3-15　"色相/饱和度"对话框　　　　图3-16　参数设置

色彩平衡

色彩平衡用于校正图像中的颜色缺陷，在彩色图像中改变颜色的混合。执行"图像>调整>色彩平衡"或按住快捷键"Ctrl+B"打开对话框，其中有三对互补色，通过滑块来调整图片的整体色调。选中"保持明度"，可以在调整色彩平衡时保持图像的明度不变，图3-17。

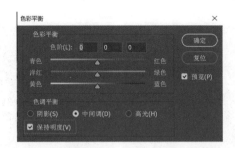

图3-17　色彩平衡

【任务实施】

1.执行"文件>打开"命令将素材"风景"在Photoshop软件中打开，如图3-18。

图3-18　打开素材

2.执行"滤镜>Camera Raw滤镜"命令打开面板，将"基本"中的色温、色差、对比度、高光等的数值根据风景素材的实际情况调整数值，如图3-19至3-20。

图3-19　打开面板　　　　　　　图3-20　调整数值

3.在Camera Raw滤镜面板中将"曲线"中的高光、亮调、暗调、阴影的的数值调整，如图3-21。

4.执行"编辑>天空替换"命令，打开"天空替换"面板，选择合适的天空素材，并将渐隐边缘、亮度、色温等数值进行调整，使替换的天空更自然，点击确定，如图3-22至3-24。

图3-21　调整曲线　　图3-22　"天空　　图3-23　"天空　　图3-24　调整数值
　　　　　　　　　　　替换"命令　　　　替换"面板

5.最后，将调整后的风景素材存储，效果如图3-25。

图3-25　效果图

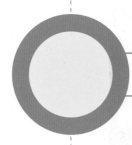

任务2　人像照片美化

【任务描述】

　　用相机拍摄的相片或从网站下载的素材往往存在不尽如人意的地方，如这张人像摄影（图3-26），画面中少数民族姑娘淳朴自然的微笑深深地打动了我们，但面部的痘痘、轻微的眼袋与细纹也影响到了图像的整体效果，你能否帮她去除这些瑕疵呢?

图3-26　人像素材

【知识导航】

修复工具、液化滤镜

　　在Photoshop软件中修补工具主要包括污点修复画笔工具、修复画笔工具、修补工具、内容感知移动工具和红眼工具，如图3-27。

污点修复画笔工具

　　污点修复画笔工具 █ 通常用于处理人像面部较为明显的瑕疵，它可以快速去除照片中的污点和某个对象，并且不需要设置取样点，只需要在工具选项栏中调整好画笔笔触大小、软硬等数值，如图3-28，按住鼠标左键移动就能自动修复图像。

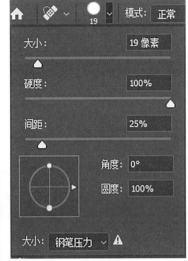

图3-27 修复工具   图3-28 数值设置

修复画笔工具

修复画笔工具 ▨ 可以使用图像中的像素作为样本进行修复。设置合适的笔尖大小，并在工具选项栏中设置"源"为"取样"，如图3-29，在没有瑕疵区域按住Alt键取样，然后涂抹需要修复的污点处，使修复后的像素不留痕迹地融入画面中。

图3-29 取样修复

修补工具

修补工具 ▨ 以画面中的部分内容为样本，修复所选区域中不理想的部分，例如有明显的裂痕的图像，或去除画面中不需要的内容。在工具选项栏中可以设置"源"和"目标"，通过在画面中绘制区域，然后按住鼠标左键拖动到目标位置，可以达到修复后的效果，如图3-30至3-31。

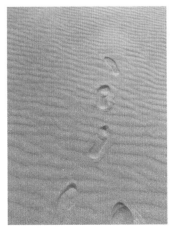
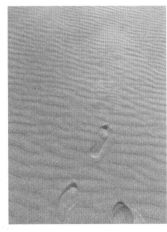

图3-30 修复前   图3-31 修复后

内容感知移动工具

内容感知移动工具 ⟟ 可以选择和移动图像的一部分，并自动填充移走后留下的区域，形成较好的视觉效果，选项栏如图3-32所示，其中部分选项作用如下：

· 模式：选择图像的移动方式，包括"移动"和"扩展"。

· 结构：用于设置图像的修复精度。

· 对所有图层取样：如果文档包括了多个图层，选中该复选框，可以对所有图层中的图像进行取样。

图3-32　内容感知移动工具选项栏

红眼工具

红眼是由于相机闪光灯在主体视网膜上反光引起的。在光线暗淡的房间里拍摄照片时，由于人的虹膜张开得很宽，所以就会出现红眼。红眼工具专门用于修复画面中人物红眼情况，选中红眼工具直接点击红眼处即可修复，如图3-33至3-34。

图3-33　红眼　　　　　　　　　图3-34　红眼修复

液化

"液化"滤镜可用于推、拉、旋转、反射、折叠和膨胀图像的任意区域，常用于人物图像的瘦脸和瘦身处理。执行"滤镜>液化"命令打开"液化"对话框，在左侧有向前变形工具、重建工具、顺时针旋转扭曲工具、褶皱工具、膨胀工具、左推工具等，如图3-35。

· 向前变形工具：在图像上拖曳像素产生变形效果。

· 重建工具：对变形的图像进行完全或部分的恢复。

· 平滑工具：可以对扭曲的图像进行平滑处理。

· 顺时针旋转扭曲工具：在按住鼠标按钮或拖动时可顺时针旋转像素。

· 褶皱工具：当按住鼠标按钮或来回拖曳时像素靠近画笔区域的中心。

· 膨胀工具：在按住鼠标按钮或拖动时使像素朝着离开画笔区域中心的方向移动。

· 冻结蒙版工具：可以将不需要液化的图像区域冻结。

· 解冻蒙版工具：使冻结的区域解冻。

· 脸部工具：系统自动识别照片中的人脸。将指针悬停在脸部时，Photoshop会在脸部周围显示直观的屏幕控件，调整控件可对脸部做出调整，如图3-36。

在"工具"面板中，选择脸部工具，照片中的人脸会被自动识别，并会选中其中一人的脸部，在"人脸识别液化"下的"选择脸部"中可以对其眼睛、鼻子、嘴唇、脸部形状等进行设置，如图3-37。

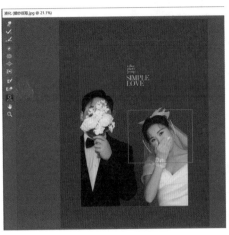

图3-35　液化工具　　　　图3-36　脸部工具　　　　图3-37　脸部设置

【任务实施】

1.执行"文件>打开"命令将素材"民族姑娘"在Photoshop软件中打开，如图3-38。按住快捷键Ctrl+J复制图层，图层命名为"美化"，如图3-39。

图3-38　打开素材　　　　　　　图3-39　复制图层

2.在"美化"图层使用工具箱中的缩放工具，将人物面部视图放大，清楚显示瑕疵，如图3-40。

3.使用污点修复画笔工具鼠标左键点击人物额头与下巴部分的痘痘，如图3-41。

图3-40　放大脸部　　　　　　　　　　图3-41　修复痘印

　　4.继续使用污点修复画笔工具涂抹眼部四周和脸部细纹，使用修复画笔工具按住Alt提取完善鼻梁部分的阴影，如图3-42。

　　5.接下来将民族姑娘的眼睛放大，使用"滤镜>液化"命令，弹出"液化"对话框，点击"人脸识别液化"调整眼睛、鼻子、嘴唇、脸部形状的数值，如图3-43。

图3-42　修复细纹　　　　　　　　　　图3-43　调整面部数值

　　6.点击"图像>应用图像"，选择"绿"通道，混合修改为"绿色"，将人物整体肤色调亮，如图3-44至3-45。

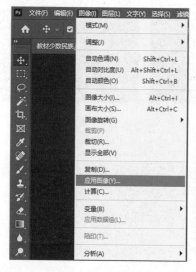

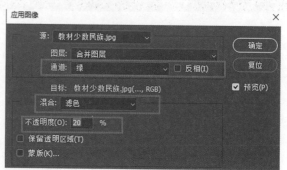

图3-44　应用图像命令　　　　　　　　图3-45　调亮肤色

7.执行"文件>存储为",将图片存储,最终效果如图3-46所示。

图3-46　效果图

【知识拓展】

古诗词里的登月梦

关于"月亮"大家了解它多少呢?月亮,在中国古时又称太阴、玄兔、婵娟、玉盘,古人根据月亮盈亏变化而定的"月历",也称阴历。春节、元宵、清明、中秋、重阳、腊八、七夕和除夕等重要节日都是按照阴历来计算的,这些节日人们可以摆脱日常劳作,休息娱乐并与家人团圆。月亮也是先人游子思乡、亲人怀念和离别的借物抒情载体。

从赏月、咏月,到现如今的探月、登月,中国人一直书写着关于月球的浪漫故事。"欲上青天揽明月""愿逐月华流照君"……古人曾写进诗词中的飞天逐月梦想,都将会变为激动人心的生动现实。我们来看看来自《人民日报》所呈现的三幅海报(图3-47至3-49),呈现了流淌在中华传统文化中的登月情缘,画面中一轮明月缓缓升起,照亮了厚重典雅的古建筑,夜色里搭配李白、苏轼等的诗句更将月亮的高远、柔和之美体现得淋漓尽致。你还知道哪些描绘月亮的诗句呢?

图3-47　海报一　　　图3-48　海报二　　　图3-49　海报三

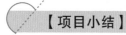

【项目小结】

　　本项目中的两个任务均来自生活中常见案例，无论是风景图像还是人物图像的摄影，都可以通过Photoshop软件进行调色与美化处理，从而达到更好的视觉效果。项目通过任务分析使学习者主动思考与观察，并能够根据不同图像的实际情况选择合适的色彩调整方法和修复工具，熟练掌握液化滤镜修饰人物面部。在知识拓展中分享了古诗词里的登月梦，感受了月亮与诗词在画面中的意境美。

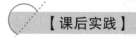

【课后实践】

　　这是一张颜色较为暗淡风景图像，请运用本项目学习的色阶、曲线、色相/饱和度、色彩平衡等知识点完成图像的后期调色，你也可以选择自己拍摄的风景照利用Photoshop软件完成后期处理。

图3-50　实践素材图

项目四　图形是怎样绘制的

【项目导入】

配套资源

　　我们在界面、海报、包装设计等案例中可以见到许多图形和矢量图标，这些图形的绘制需要使用Photoshop中的路径与形状工具、钢笔工具，在Photoshop软件中路径不但可以精确地创建选区，还可以随心所欲地绘制各种图形。本项目通过"医护人员的百宝箱"图标制作、"乡村振兴"主题插画绘制两个任务学习绘制矢量插画图形，掌握Photoshop的图形绘制功能，熟练运用钢笔工具，为今后创意落地打下基础。

【学习目标】

　　1.认识路径与形状工具，掌握形状工具的使用方法，能运用Photoshop软件绘制和编辑形状；

　　2.学习钢笔工具和选择工具组，熟练掌握路径绘制的方法与技巧；

　　3.从图形制作的规范中培养严谨的工作态度，提升创意表达与展现的能力。

任务1　"医护人员的百宝箱"图标制作

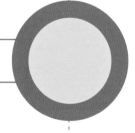

【任务描述】

　　随着互联网技术和信息技术的快速发展，依托于手机和电脑界面的视觉语言日益受到大家的关注，例如界面设计中的APP图标，优秀图标的视觉设计更能够吸引受众群体。图4-1是"国家医保服务平台"APP首页，页面涵盖了不同颜色和功能的医护医疗类矢量图标，具有视觉上的统一性。怎样运用Photoshop绘制不同类型的图标呢？请完成图4-2"医护人员的百宝箱"图标绘制。

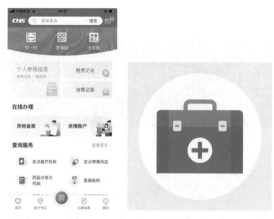

图4-1 参考图标　　图4-2 目标图标

【知识导航】

路径与形状工具

路径

在Photoshop中，利用路径工具可以绘制各种形状的矢量图形，并创建精准的选区。路径是不包含像素的轮廓，可以使用颜色填充和描边。选择形状工具或钢笔工具在工具选项栏中勾选"路径"，可以创建路径。通过编辑路径的锚点，能够很方便地改变路径的形状。如图4-3至4-5。

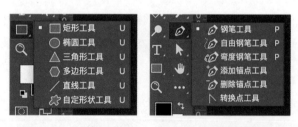

图4-3 形状工具　　图4-4 钢笔工具

图4-5 创建路径

选择工具组

选择工具包括路径选择工具和直接选择工具，如图4-6。

1.路径选择工具

路径选择工具用于选择整条路径，在路径上的任意位置单击鼠标左键，此时路径上的所有锚点呈黑色实心显示，即选择整条路径，如图4-7。在移动路径的过程中按住"Alt"键，则可以复制路径，同时还可以对路径进行组合、对齐、删除等操作，其工具选项栏如图4-8。

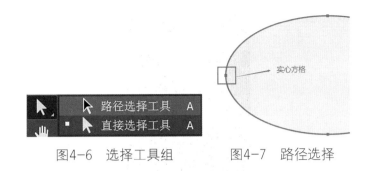

图4-6 选择工具组   图4-7 路径选择

图4-8 路径选择工具栏

2.直接选择工具

直接选择工具可以对路径中的某个或几个锚点进行选择和调整。使用直接选择工具单击路径，路径上的所有锚点都以空心方框显示，如图4-9，鼠标指针单击锚点即可选中，此时该锚点以黑色实心显示，并显示方向线，如图4-10。如果需要选中多个锚点，则可以在按住"Shift"键的同时依次单击要选择的多个锚点，或拖动鼠标拉出一个虚线框，被虚线框包围的所有锚点都将被选中。

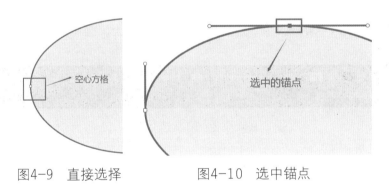

图4-9 直接选择   图4-10 选中锚点

3.路径面板

路径面板主要用于存储和管理路径，在面板中显示了当前工作路径、存储的路径和当前矢量蒙版的名称及缩览图。路径的基本操作和编辑大都可以通过该面板来完成。单击"窗口>路径"命令，即可打开"路径"面板，如图4-11。"路径"面板的各选项作用如下：

· 用前景色填充路径：单击该按钮可以用前景色填充路径。

· 用画笔描边路径：单击该按钮，将以画笔工具和设置的前景色对路径进行描边。

· 将路径作为选区载入：单击该按钮，可以将路径转换为选区。

· 从选区生成工作路径：单击该按钮，可以将选区转换为路径。

· 添加图层蒙版：单击该按钮，可以从当前路径创建蒙版。

· 创建新路径：单击该按钮，可以创建一条新路径。

· 删除当前路径：单击该按钮，可以将选择的路径删除。

图4-11 "路径"面板

形状工具组

形状工具组包括矩形工具、圆角矩形工具、椭圆工具、多边形工具、直线工具、自定义形状工具。在工具选项栏中勾选"形状"即可在图像中快速绘制直线、矩形、圆角矩形、多边形等形状，如图4-12。通过设置圆角的大小可以绘制带有圆角的矩形，在选项栏中输入半径的数值确定圆角大小，数值越大，圆角越大。

图4-12 工具选项栏

1.矩形工具

使用矩形工具可以绘制长方形与正方形。选中矩形工具直接在图像窗口中按住鼠标左键并拖动，即可绘制长方形，或者在图像窗口中鼠标左键单击，弹出"创建选区"对话框，输入指定的宽度与高度创建矩形，如图4-13。按住Shift键绘制正方形，按住Alt键以鼠标单击处为中心绘制矩形，按住Shift+Alt快捷键可以鼠标单击处为中心绘制正方形。选中形状图层，使用移动工具可调整位置，选择"编辑>自由变换"或使用快捷键Ctrl+T打开自由变换指令，能够调整形状大小或旋转形状。

在形状工具选项栏中（图4-14），可以设置以下内容：

· 填充：选择用于填充形状的颜色。

· 描边：选择形状描边的颜色、宽度和类型。

· 宽与高：设置形状的宽度和高度。

· 路径操作：设置形状彼此交互的方式。

· 路径对齐方式：设置形状组件的对齐与分布方式。

· 路径排列方式：设置所创建形状的堆叠顺序。

图4-13　创建矩形

其他形状和路径选项：

·单击 ⚙ 图标可访问其他形状和路径选项，通过这些选项，可在绘制形状时设置路径在屏幕上显示的宽度、颜色等属性以及约束选项，如图4-15。

图4-14　形状工具选项栏

图4-15　设置路径

Adobe Photoshop在更新过程中也迭代了更加高效的形状编辑功能，执行"窗口>属性"命令，打开"属性"面板，在面板中可以设置形状的"填充""描边""设置形状描边宽度""设置形状描边类型""设置描边对齐类型""设置描边线段端点""设置描边的线段合并类型"以及各个角的半径。当点击链接图标 🔗 时，四个角的半径统一变换。图像窗口中形状的制圆控件可以调整形状的外观，按住鼠标左键调整所有角的半径，或者按住Alt键拖动形状时，更改某一个角的半径，如图4-16。单击"属性"面板中的"重置"图标 ↺ ，可重置所有修改。

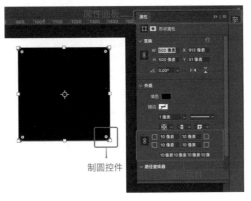

制圆控件

图4-16　"属性"面板

2.椭圆工具

使用椭圆工具可以绘制椭圆形和正圆，按住Shift键绘制正圆，按住Shift+Alt快捷键可以鼠标单击处为中心绘制正圆。

3.多边形工具

在多边形工具选项栏的"边"数值框中可以设置边的数值，即多边形的边数，如图4-17。选中多边形工具左键单击图像窗口，弹出"创建多边形"对话框，如图4-18，其中可以设置以下属性：

- 宽度和高度：设置多边形的宽度和高度。
- 对称：选中此复选框可使多边形保持对称。
- 边数：输入多边形边数，例如绘制五角星，设置边数为5即可。
- 角半径：输入半径即生成多边形的圆角。
- 星形比例：可以调整星形比例的百分比。
- 平滑星形缩进：选中此选框可以缩进星形边也带有圆角。
- 从中心：选中此选框可从中心对齐星形。

图4-17　设置多边形

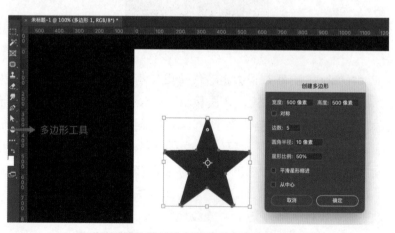

图4-18　创建多边形

4.直线工具

使用直线工具可以绘制直线和有箭头的路径与形状。按住Shift键绘制水平、垂直或45度角的直线。在直线工具的工具选项栏中勾选"箭头"即可绘制箭头形状，如图4-19。

5.自定形状工具

使用自定形状工具 ☆ 可以绘制出多种复杂图案的路径和形状，这些形状可以是Photoshop的预设，单击工具选项栏中的"形状"选项下拉按钮，弹出预设形状，如图4-20。

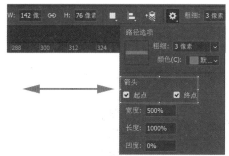

图4-19　绘制箭头　　　　　　　　图4-20　预设形状

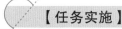
【任务实施】

1.启动Adobe Photoshop，执行"文件>新建"命令，在Photoshop中新建1000×1000px的画布。使用矩形工具新建一个大小为600×420px，颜色为#f6695e，左上右上圆角为40px的"矩形1"，如图4-21。

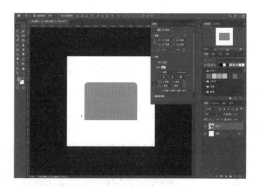

图4-21　矩形1

2.使用矩形工具新建一个大小为600×300px，颜色为#f44336的"矩形2"，如图4-22。点击"移动工具"，在"图层"面板中按住Shift键选中图层"矩形2""矩形1"，执行移动工具选项栏中"对齐"指令，使"矩形2"与"矩形1"中心对齐、底对齐，如图4-23。

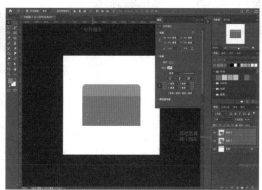

图4-22　矩形2　　　　　　　图4-23　对齐矩形

3.继续使用矩形工具新建一个80×420px，颜色为#f6695e，左上圆角为40px的"矩形3"。点击移动工具，在"图层"面板中按住Shift键选中"矩形3"与"矩形1"，执行移动工具选项栏中"对齐"指令，使矩形3与矩形1左对齐、垂直居中对齐，图层混合模式为"正片叠底"，如图4-24。

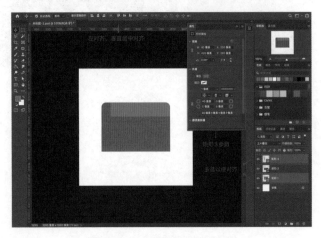

图4-24　矩形3左边对齐

4.使用快捷键Ctrl+J复制"矩形3"得到"矩形3拷贝"，执行Ctrl+T命令打开自由变换工具，右键打开选项卡点击"水平翻转"得到右边形状，如图4-25。点击"移动工具"，在"图层"面板中按住Shift键选中"矩形3拷贝"与"矩形1"，执行移动工具选项栏中"对齐"指令，得到图4-26效果。

 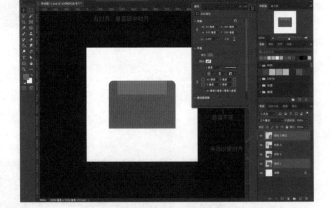

图4-25　矩形3拷贝　　　　　　图4-26　矩形3拷贝右边对齐

5.在"图层"面板中按住Shift键选中全部图层，点击图标 ▭ ，将除背景图层外的所有矩形图层群组，如图4-27，并命名为"工具箱"，如图4-28。

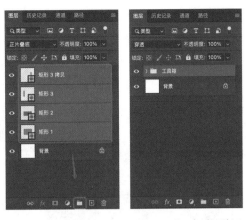

图4-27 图层群组 图4-28 命名群组

6.接下来绘制"手柄"部分。使用矩形工具新建一个220×70px，颜色为#808080，左上右上圆角为40px的"矩形4"，数值如图4-29。使用矩形工具新建一个170×50px，颜色为#808080，左上右上圆角为20px的"矩形5"，数值如图4-30。在"图层"面板中选中这两个矩形，使用移动工具对齐，并移动到工具箱上方合适位置，如图4-31。选中图层"矩形4"与"矩形5"合并两个形状，得到形状图层"矩形5"。

  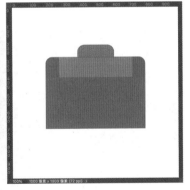

图4-29 矩形4   图4-30 矩形5   图4-31 合并手柄形状

7.选中矩形5，点击路径选择工具 ⯈，长按鼠标左键拉取选框，选中"矩形5"的形状，如图4-32。在工具选项栏中找到布尔运算，点击展开选项选中"排除重叠形状"完成工具箱手柄的形状绘制，如图4-33。

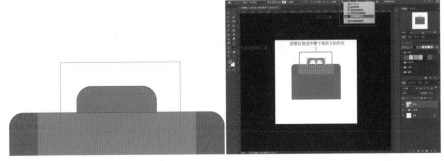

图4-32 选中矩形5   图4-33 绘制手柄

8.接下来绘制"锁扣"部分。使用矩形工具，新建一个60×80px，颜色为#e5e5e5，圆角均为10px的"矩形6"，并移动到合适位置，如图4-34。

9.使用矩形工具绘制一个30×15px、颜色为#666666的"矩形7"，并移动到合适位置，如图4-35。

图4-34　矩形6　　　　　　　　　　　图4-35　矩形7

10.在"图层"面板选中"矩形6""矩形7"并群组为"锁扣左"，如图4-36。使用快捷键Ctrl+J复制"锁扣左"图层组，改名"锁扣右"，使用移动工具移动到合适位置，如图4-37。

图4-36　锁扣左　　　　　　　　　　　图4-37　锁扣右

11.使用椭圆工具新建一个170×170px的白色"椭圆1"，并移动到图4-38的位置。

12.接下来绘制中心的十字图形。新建一个30×120px、颜色为#f44336的"矩形8"；再新建一个120×30px、颜色为#f44336的"矩形9"。将两个矩形分别移动到合适位置组成红十字形状，如图4-39。在"图层"面板选中除背景外的所有图层与图层组，新建组为"医护人员的百宝箱"。

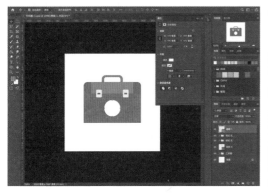
图4-38　椭圆1

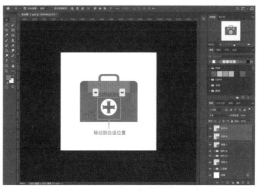
图4-39　十字图形

13.选中背景图层，更改前景色为#cceeff，使用油漆桶工具给背景填充颜色，如图4-40。

14.使用椭圆工具新建一个850×850px、颜色为白色的椭圆，图层顺序位于"医护人员的百宝箱"下方。使用"移动工具"，移动到合适位置，效果如图4-41。

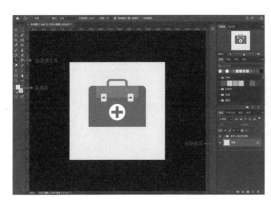
图4-40　填充背景色

图4-41　移动底圆

15.最后执行"文件>存储为"命令后，点击保存为"JPEG"格式，最终完成任务1，效果如图4-42所示。

图4-42　效果图

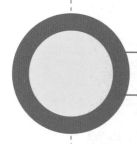

任务2 "乡村振兴"主题插画绘制

【任务描述】

丰收是金秋送爽、五谷满仓，是沃野长出希望，是热土滋养鱼粮，是热情振兴乡村。图4-43是一幅"乡村振兴"主题的宣传插画，请综合运用钢笔工具、形状工具等完成这幅插画绘制，用设计语言传达"振兴家乡的脚步永远不会停"的期望！

图4-43 宣传插画

【知识导航】

钢笔工具

钢笔工具

钢笔工具可创建与编辑矢量图形，它也是绘制路径的基本工具。钢笔工具组包括钢笔工具、自由钢笔工具、添加或删除锚点工具、转换点工具等，如图4-44。钢笔工具选项栏如下：

·形状：在单独的图层中创建形状，方便移动、对齐、分布形状图层以及调整大小。所以形状图层非常适用于为UI、Web设计绘制图标。

·路径：是一种不包含像素的轮廓，可以使用填充或描边路径。路径可用于创建选区、矢量蒙版，在钢笔工具和形状工具的选项栏中可选中"路径"进行绘制，如图4-45。

图4-44　钢笔工具　　　　　　　　　　图4-45　路径

·像素：直接在图层上绘制，与绘画工具非常类似。在使用此模式时，创建的是像素图层的图形，而不是矢量形状的图形。像素图层可以像处理任何像素画图像一样来处理绘制的形状，但是修改颜色只能使用画笔、油漆桶等图层颜色处理工具。识别两种不同图层的方式在于图层面板中的图层显示样式，形状的右下角会有一个小的正方形图形图示，如图4-46。

·路径操作：可以在弹出的菜单中选择路径的运算方式。可以选择"新建图层""合并形状""减去顶层形状""与形状区域相交""排除重叠形状"和"合并形状组件"6种路径操作模式，如图4-47。

图4-46　识别图层　　　　　　　　　图4-47　路径操作模式

·路径对齐方式：对所选路径进行对齐，如图4-48。

·路径排列方式：对所选路径进行排列，如图4-48。

·自动添加/删除：通常情况下在使用钢笔工具绘制路径时都会勾选此选项，若将光标定位在绘制的路径上方，光标会变成可添加锚点的图标，当光标定位在路径锚点上方时，光标会变成可删除锚点的图标。

图4-48　路径对齐/排列

自由钢笔工具：选中自由钢笔工具，在画布中确定路径起点，按住鼠标左键同时拖动，画面中会自动以光标滑动的轨迹创建路径，就像用铅笔在纸上绘图一样。在自由钢笔工具的选项栏选中"磁性的"复选框，可绘制与图像中所定义区域边缘对齐的路径，如图4-49。

弯度钢笔工具：可以轻松地绘制平滑曲线和直线段，在执行该操作时无需切换工具就能创建、切换、编辑、添加或删除平滑点或角点。

图4-49 自由钢笔工具

转换点工具：选择转换点工具，将光标放置在需要更改的路径锚点上可对平滑点和角点进行转换，或者按住Alt键，单击需要转换的锚点进行转换。如果要将角点转换成平滑点，需要按住Alt键向角点外拖动出现方向线，然后将方向线拖动出角点以创建平滑点。如果要将平滑点转换成没有方向线的角点，直接按住Alt键单击平滑点切换为角点。

钢笔工具的使用

选中钢笔工具，在工具选项栏选中"路径"选项，即可在画布中点击创建锚点绘制路径。

路径由钢笔工具绘制的一个或多个直线段或曲线段组成，锚点标记路径段的端点；在曲线段上，每个选中的锚点显示一条或两条方向线，方向线以方向点结束；方向线和方向点的位置决定曲线段的大小和形状，移动这些锚点将改变路径中曲线的形状（图4-50）。钢笔工具创建的锚点包括平滑点与角点，由平滑点连接的路径段可以形成平滑的曲线，由角点连接的路径段可以形成直线或转折曲线，如图4-51。钢笔工具在使用过程中会根据操作的不同而呈现不同的光标形态，如图4-52。

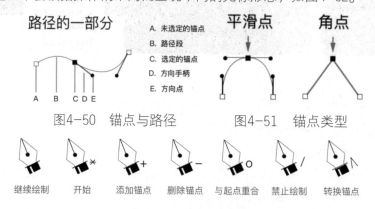

图4-50 锚点与路径　　　图4-51 锚点类型

图4-52 光标形态含义

·绘制直线：使用标准钢笔工具可以绘制的最简单路径是直线，方法是通过单击钢笔工具创建两个锚点，继续单击可创建由角点连接的直线段组成的路径，如图4-53。按住Shift键创建新锚点时，可以绘制90度/45度的直线，如图4-54。

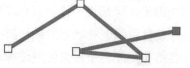
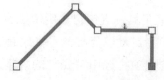

图4-53 由角点连接的直线路径　　　图4-54 角点为特定角

• 绘制曲线：选择钢笔工具，任意位置点击就是曲线的起点锚点，并按住鼠标左键，同时钢笔工具指针变为一个箭头形状 ▶ 。拖动以设置要创建的曲线段的斜度，然后松开鼠标按钮，如图4-55。可以通过以下方法之一绘制对应类型曲线路径：当需要绘制C形曲线时，按住鼠标左键向前一条相反方向拖动方向线，然后松开鼠标，如图4-56；需要绘制S形曲线时，按照与前一条方向线相同的方向长按鼠标左键拖动方向线决定方向，调整好后松开鼠标，如图4-57。

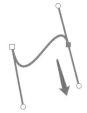

图4-55　绘制曲线　　　　图4-56　C形曲线　　　图4-57　S形曲线

• 绘制闭合路径：将"钢笔"工具定位在第一个空心锚点上。如果放置的位置正确，钢笔工具指针旁将出现一个小圆圈 ♗ ，点击就可以闭合路径，如图4-58。

• 绘制开放路径：按住Ctrl键并点击所有对象以外的任意位置即可。如图4-59。

图4-58　闭合路径　　　　　　图4-59　开放路径

• 添加/删除锚点：通过添加锚点可以增强对路径的控制，同时可以扩展开放路径，但添加的锚点不宜过多；删除锚点可以降低路径的复杂性，直接使用添加/删除锚点工具可以添加或者删除锚点，或在钢笔工具选项栏勾选"自动添加/删除"状态下直接点击路径的任意处即可添加锚点，点击已有的锚点就可以删除锚点，如图4-60。

图4-60　添加/删除锚点

• 移动锚点：按住Ctrl点击锚点拖动即可移动锚点，或者使用直接选择工具对路径中的某个或几个锚点进行选择和调整。

钢笔工具的功能

• 绘制路径抠图：使用钢笔工具绘制好闭合的路径，按住快捷键Ctrl+Enter可以将路径转换为"选区"，按住快捷键Ctrl+J将选区选中部分的图像进行复制抠图。

• 绘制形状：工具属性栏勾选形状，如图4-61，可以绘制包括矩形形、椭圆、多边形、自定义形状等多种类型形状。

图4-61　绘制形状

·创建路径文字：使用钢笔工具，在画布中绘制开放或者封闭的路径，选择"横排文字工具"将鼠标放在路径上，单击路径出现闪烁的光标，此处为文字的起始点。如图4-62为开放路径上的文字，图4-63为闭合路径上的文字。

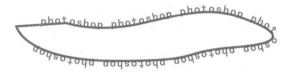

图4-62　开放路径上的文字　　　　　图4-63　闭合路径上的文字

【任务实施】

1.启动Adobe Photoshop，执行"文件>打开"命令，在Photoshop中打开素材"乡村振兴"，如图4-64。

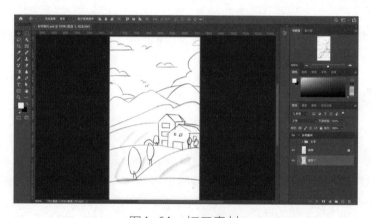

图4-64　打开素材

2.首先绘制山的层次感，根据线稿依次从后往前绘制不同的山。点击"钢笔工具"，在其选项栏选择"形状"，在画布中创建初始点，根据最后面山的走势绘制曲线，长按鼠标左键拖出方向线，将曲线绘制成线稿的形状，如图4-65，再点击任一位置绘制成封闭路径，颜色为#e2eca6，如图4-66，图层命名为"山1"。

图4-65　绘制山势　　　　　　　　　　图4-66　山1

3.使用"钢笔工具"在合适位置创建初始点开始绘制第二座山，颜色为#cbd39b，图层命名为"山2"，如图4-67。

图4-67　山2

4.使用"钢笔工具"绘制第三座山。根据线稿中"山"的走势适当调整锚点，效果如图4-68，颜色设置为#b5c571，图层命名为"山3"，见图4-69。

图4-68　调整锚点　　　　　　　　　　图4-69　山3

5.继续使用钢笔工具绘制第四座山，颜色为#95a35d，图层命名为"山4"，如图4-70。

6.接下来绘制山前的田野部分。使用"钢笔工具"，根据线稿线稿绘制田野，颜色为#d4db78，如图4-71。

图4-70　山4　　　　　　　　　　图4-71　绘制田野1

7.继续使用"钢笔工具"绘制田野的草地装饰，颜色为#c3ca67。绘制好一个之后使用快捷键Ctrl+J复制该形状，使用"移动工具"将复制的形状移动到合适位置，如图4-72。

8.重复步骤7，共复制移动生成4个草地装饰，并将所有未改名形状选中，新建分组，组命名为"田野1"，如图4-73。

图4-72　绘制草地1　　　　　　　　　　　图4-73　田野1

9.使用"钢笔工具"，根据线稿，绘制前方的田野，颜色为#afba45，如图4-74，草地装饰颜色为#9aa93c，如图4-75。

图4-74　绘制田野2　　　　　　　　图4-75　绘制草地2

10.重复步骤7、步骤8，将新绘制的所有未改名形状选中，新建分组，组命名为"田野2"，如图4-76。

11.使用"钢笔工具"，根据线稿，运用同样的方法绘制"田野3"，颜色为#cad752，如图4-77，草地装饰颜色为#b0bc44，并分组命名，如图4-78。

图4-76　田野2

图4-77　绘制田野3

图4-78　田野3

12.使用矩形工具绘制蓝色底图。新建一个750×1334px、颜色为#d3faff的矩形，图层改名为"背景"，放置在图层最下方，具体如图4-79。

13.使用"钢笔工具"，在"背景"层上方根据线稿依次绘制云朵，颜色为#ffffff，并分组命名，如图4-80。

图4-79　蓝色背景

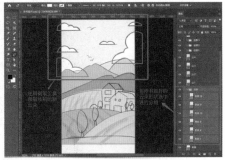

图4-80　绘制云朵

14.根据图层的先后关系依次调整云朵的透明度，使画面更生动。调整形状7不透明度为70%，如图4-81；调整形状12不透明度为50%，如图4-82。

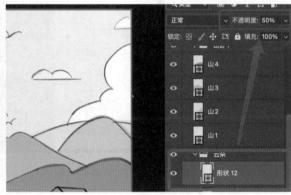

图4-81　形状7　　　　　　　　　　　图4-82　形状12

15.使用"钢笔工具"绘制房子的正面与侧面。房子正面颜色为#f1b686，如图4-83；房子侧面颜色为#ed9a57，如图4-84，屋顶颜色为#e6894b，如图4-85。

图4-83　房子正面　　　图4-84　房子侧面　　　图4-85　屋顶

16.继续绘制房子的屋檐部分。使用矩形工具新建一个6×110px、颜色为#bc753f、圆角为2px的"矩形1"，如图4-86，选中"矩形1"执行Ctrl+T命令打开自由变换工具，将其顺时针旋转45°，并移动到合适位置，如图4-87。

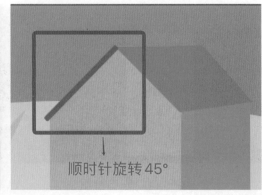

图4-86　绘制屋檐（左）　　　　　图4-87　匹配位置（左）

17.使用快捷键Ctrl+J复制"矩形1"得到"矩形1拷贝",执行Ctrl+T命令打开自由变换工具,右键点击打开自由变换工具选项卡,选择"水平翻转"即可以得到右边的屋檐;移动调整到合适位置,如图4-88至4-89。

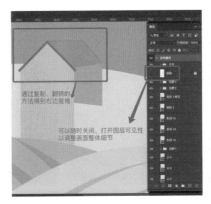

图4-88　绘制屋檐(右)　　　　图4-89　匹配位置(右)

18.接下来绘制窗户。使用矩形工具新建一个70×40px、颜色为#e7894a的矩形2,如图4-90;使用快捷键Ctrl+J复制2个,参考线稿调整到合适位置;最后选中绘制的相应图层进行分组,命名为"房子1",如图4-91。

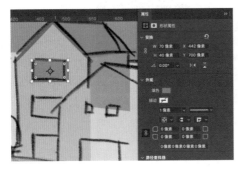
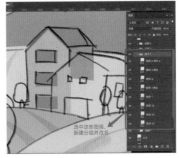

图4-90　绘制窗户　　　　　　图4-91　房子1

19.使用"钢笔工具""形状工具>矩形工具",根据线稿运用同样的绘制方法绘制"房子2"。房子正面颜色为#ffdbbd、房子侧面颜色为#ffbf8a、屋顶颜色为#e6894b、屋檐颜色为#bc753f、窗户和门的颜色为#bd733f;最后一起选中分组、改名为"房子2",如图4-92。

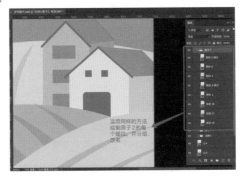

图4-92　房子2

20.使用"钢笔工具"在"田野2"图层组上方继续根据线稿绘制图形"小树"，其颜色为#468e35至#80c55f的径向渐变，如图4-93，树干颜色为#6b4225，选中分组，组名为"小树"，如图4-94。

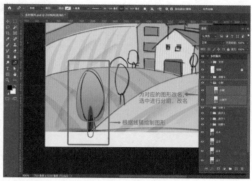

图4-93　绘制小树　　　　　　　　图4-94　群组小树

21.使用快捷键Ctrl+J复制多个"小树"组，并根据线稿使用"自由变换工具"和"移动工具"适当调整不同"小树"的大小和位置，效果如图4-95。

图4-95　复制调整小树

22.使用"移动工具"整体调整画面，最后执行"文件>存储为"命令，点击保存，最终完成任务2，效果如图4-96所示。

图4-96　效果图

【知识拓展】

"杭州第19届亚运会"会徽

在读图时代,具有直观、简洁、新颖等良好特性的
图形信息往往能够得到迅速传播。杭州第19届亚运会会
徽就是成功的设计案例,它不仅是亚运会重要的视觉形
象标志,更是展示杭州亚运会理念和中国文化的重要载
体(图4-97)。会徽"潮涌"的主体图形由简约的几何
线组成,包含了扇面、钱塘江、钱江潮头、赛道、互联
网符号及太阳图形六个元素,其中"扇面"造型反映江
南人文意蕴,"赛道"代表体育竞技,"互联网符号"
契合杭州城市特色,"太阳"图形是亚奥理事会的象征
符号。"钱塘江"和"钱江潮头"是会徽的形象核心,

图4-97 会徽

绿水青山展示了杭州山水城市的自然特质,江潮奔涌表达了杭州儿女勇立潮头的精神
气质,整个会徽也象征着新时代中国特色社会主义大潮的涌动和发展。

【项目小结】

Photoshop是最常见的图形绘制软件,在现代平面设计、UI设计等领域中有着举足
轻重的作用。本项目聚焦时事热点,选择典型工作任务,讲解了Photoshop软件中运用
形状工具组、钢笔工具绘制图形的方法与技巧,提高了学习者的软件绘图技能,为设
计的展现提供了更多视觉表现方法。

【课后实践】

请运用Photoshop的形状工具组、钢笔工具完成在线课程的"书籍"图标绘制,效
果如图4-98。

图4-98 实践练习图标

项目五 PS中的百变文字

配套资源

【项目导入】

文字是人类文化的重要组成部分。文字的主要功能是在视觉传达中向大众传达作者的意图和各种信息，文字排列组合的好坏直接影响版式设计的视觉传达效果。根据文字在页面中的不同用途，运用系统软件提供的基本字体字型，用图像处理和其他艺术字加工手段，对文字进行艺术处理和编排，以达到协调页面效果、更有效地传播信息的目的。因此，熟练掌握Photoshop中的文字工具，以及文字转形状路径、文字变形、图层样式、混合模式等相关功能能更好地进行视觉传达，给人以美的感受。本项目通过文字工具、画笔工具、图层样式、图层混合模式的运用，从"父爱如山"主题Banner设计、"沁园春·雪"雪地文字制作两个任务来学习文字创意表现。

【学习目标】

1.初识文字工具，了解文字图层的概念，掌握文字工具的点文字、段落文字、行距、字距、应用变换调整等方法，能进行文本编辑；

2.学习字体变形、图层样式、混合模式以及画笔工具的使用方法与技巧，掌握文字、画笔、图层特效制作的基本操作；

3.从文字艺术设计的任务中培养积极乐观的生活态度，热爱生活，厚植家国情怀。

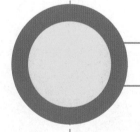

任务1 "父爱如山"主题Banner设计

【任务描述】

文字设计通常是指对文字按视觉设计规律加以整体的精心安排，无论在何种视觉媒体中，文字和图片都是其两大构成要素。请运用Photoshop的文字工具，进行简单的文字创意，结合图片素材完成"父爱如山"主题Banner，效果如图5-1所示。

图5-1　"父爱如山"主题Banner

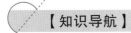【知识导航】

Photoshop的文字工具

Adobe Photoshop中的文字由矢量的文字轮廓组成，运用文字工具可以缩放文字、调整文字大小、进行文字变形，还能够自定义安装各种各样的字体。

文字图层

创建文字时，"图层"面板中会添加一个新的文字图层，如图5-2。创建文字图层后，可以编辑文字并对其应用图层命令。文字图层可以进行以下调整：

·变换文字的方向。

·在点文字与段落文字之间进行转换。

·基于文字创建工作路径。

·使用图层样式。

·使用"字符"面板或"属性"面板填充颜色。

·使文字变形以适应各种形状。

·也可以对文字图层进行栅格化。在处理特殊效果的文字时，文字图层无法使用许多工具，将文字栅格化之后，基于矢量的文字轮廓会转换为像素图层，此时可以使用像素图层的滤镜来制作文字特殊效果，栅格化之后的文字图层不能再实时编辑文字，如图5-3所示。

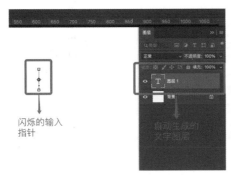

图5-2　文字图层　　　　图5-3　文字图层栅格化

输入文字

1.文字类型

文字可以在点上创建、在段落中创建和沿路径创建。

·点文字：使用文字工具在图像中任意位置点击便可以开始输入，在设计中需要输入少量文字的情况下，使用点文字是最便捷的方式。

·段落文字：使用鼠标左键长按以水平或垂直方式拉取选框，在选框内输入文字，通过选框控制字符流的边界。当需要创建一个或多个段落时，例如为文本段落编排布局、简单宣传册设计等，更加适合使用段落文字，易于整体排版。

·路径文字：是指沿着路径排列的文字。当沿水平方向输入文本时，字符将沿着与基线垂直的路径出现。当沿垂直方向输入文本时，字符将沿着与基线平行的路径出现。

在文字选项栏和"字符面板"与"段落面板"中可以编辑或更改文字的选项。执行"窗口>字符/段落"命令，打开"字符面板"或"段落面板"，如图5-4。

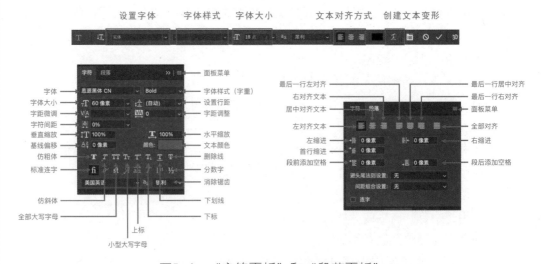

图5-4　"字符面板"和"段落面板"

2.点文字

点文字的每行文字都是独立的一行，行的具体长度会随着编辑增加或缩短，不会自动换行，点击输入即生成新的文字图层。

选择横排文字工具或直排文字工具，在图像窗口合适的位置鼠标左键单击设置文字插入点，I型光标中的小线条标记的是文字基线的位置，与使用Word输入文字类似，如图5-5。

3.段落文字

输入段落文字时，文字会基于外框的尺寸自动换行，如图5-6。外框的大小可以调整，调整之后文字会根据外框变化自动重新排列；同时也可以使用外框来旋转、缩放和斜切文字。

图5-5　点文字工具

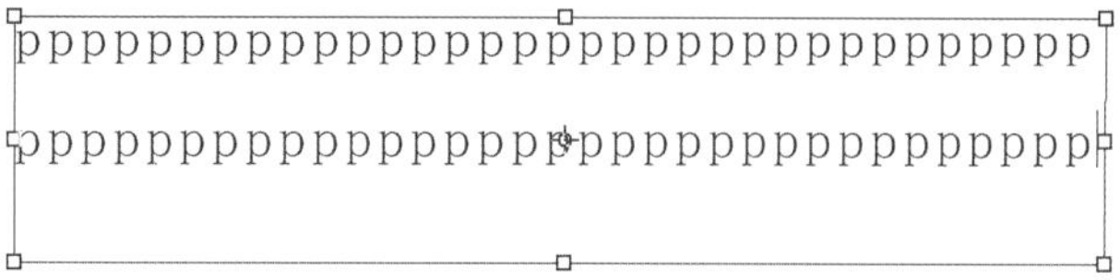

图5-6　段落文字

4.点文字与段落文字之间转换

点文字可以转换为段落文字，以便在外框内调整字符排列。也可以将段落文字转换为点文字，使文本各行彼此独立地排列。点文字与段落文字之间转换方法有两种：第一种是在"图层面板"中选择"文字"图层，右键点击选择"转换为点文本"或"转换为段落文本"，如图5-7；第二种是执行"文字>转换为段落文本"或"文字>转换为点文本"即可。

注意：将段落文字转换为点文字时，所有溢出外框的字符都会被删除，要注意调整外框避免丢失文本。

图5-7　文字转换

沿路径或在路径内创建文字

Photoshop能够用钢笔或形状工具创建路径输入沿路径的文字，也能在闭合路径内输入文字。

1.沿路径输入文字

选择横排文字工具或直排文字工具，鼠标停在已经创建好的路径上，光标发生相应变化，鼠标左键单击，当路径上出现一个插入点时，即可输入文字，如图5-8。

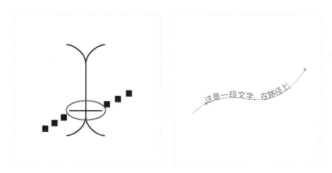

图5-8　沿路径输入文字

2.在形状路径内输入文字

与沿路径输入文字一致，选择横排文字工具，将指针悬停在路径内，当文字工具周围出现虚线括号时，输入文本即可。

3.调整路径文字

选择直接选择工具或路径选择工具并将其定位于文字，指针会变为带箭头的I型光标。如需移动文本，单击并沿路径拖动文字即可；若要将文本翻转到路径的另一边，可单击并拖动文字翻转路径，如图5-9所示。

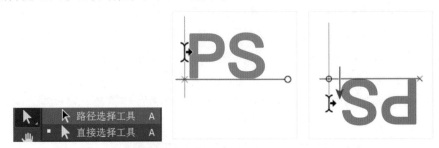

图5-9　调整路径文字

文字变形

文字变形能够创建特殊的文字效果，例如将文字变为扇形、贝壳、波浪等形状，并继续保留文字编辑模式。文字变形的操作方法有两种，分别如下：

·选中需要变形的文字图层，执行"文字>文字变形"命令，打开"变形文字"对话框，选择需要的变形样式即可。

·选中需要变形的文字图层，在文字选项栏中单击"文字变形样式"选项，打开"变形文字"对话框，在其中可以选择其不同的变形样式。

图5-10　文字变形

将文字转换为形状

选中文字图层，在"图层"面板中右键点击"转换为形状"或执行"文字>转换为形状"将文字转换为形状，此时文字将出现锚点，再使用直接选择工具对文字图形的锚点进行调整，根据自己的设计需求调整成合适的图形，使用方法与项目四中钢笔工具、路径工具使用一致，如图5-11所示。

图5-11　文字转形状

1.启动Adobe Photoshop，执行"文件>打开"命令，在Photoshop中打开素材文件
"父爱如山"，如图5-12。

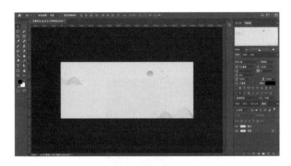

图5-12　打开素材

2.使用"横排文字工具"，在选项栏中更改任意字体、字体大小为210px、颜色
为#4f4735；在画布合适位置点击，出现光标，输入文字"父"，点击工具选项栏确
认按钮确认 ☑ 或使用快捷键Ctrl+Enter组合键确认，继续使用同样的参数，分别输入
"爱""如""山"文字，形成四个文字图层，效果如图5-13。

图5-13　输入"父爱如山"文字

3.在"图层"面板选中"父"字图层，右键点击"栅格化图层"，将文字图层转换为像素图层，如图5-14至5-15。

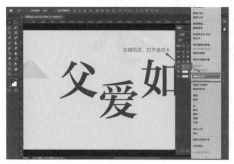

图5-14　栅格化图层　　　　　　图5-15　像素图层

4.继续选中"父"字图层，按住Alt键点击"父"前方的像素图层缩略图创建文字选区，使用吸管工具吸取文字颜色为前景色，吸取背景的颜色为背景色，如图5-16；再选择"渐变工具>前景色到背景色渐变"，在文字中心由上至下创建线性渐变，如图5-17；使用快捷键Ctrl+D取消选框，即完成文字的渐变填充，如图5-18。

图5-16　吸取前/背景色　　　　　图5-17　创建线性渐变

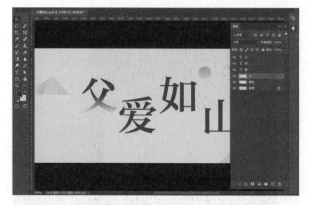

图5-18　渐变效果

5.重复步骤3-4，分别将"爱""如""山"三个文字图层栅格化为像素图层，并添加渐变填充，渐变的类型与方向不变，效果如图5-19。

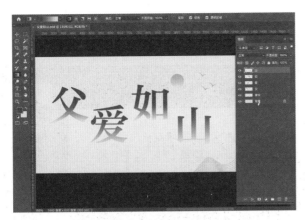

图5-19　文字效果

6.选中"钢笔工具"，在其属性栏选择为"路径"，在图像的合适位置创建初始点，并根据"父爱如山"的文字排版绘制曲线，形成山的起伏形式，如图5-20。

图5-20　创建曲线路径

7.选中"横排文字工具"，在工具选项栏中设置字体为思源黑体、字体大小为25px，颜色为#493c1e，在路径上的合适位置鼠标左键单击，输入文字"父爱是高山，即使在最困难的时候，也鼓励我挺直脊梁。"，在"图层"面板中设置该文字图层的透明度为60%，效果如图5-21。

图5-21　在路径上添加文字1

8.重复步骤7，使用钢笔绘制路径，输入路径文字"让你的身心即使承受风霜雨雪也沉着坚定。"文字参数保持不变，效果如图5-22。

图5-22　在路径上添加文字2

9.使用快捷键Ctrl+数字"0"可以使当前编辑窗口中的图层适合屏幕大小进行显示，便于预览整体效果，还可以观察内容继续为画面增添细节。

10.使用"横排文字工具"，在工具选项栏中选择字体为思源黑体、字体大小为100px、颜色为#7b3631，在图像窗口中选择合适位置鼠标左键单击，输入标点"。"，快捷键Ctrl+Enter组合键确认，效果如图5-23。

图5-23　添加标点

11.选中"图层"面板中的"父"图层，使用"多边形套索工具"选出"父"字左上角一撇，建立选区，然后使用快捷键Ctrl+J复制图层，如图5-24。

图5-24　复制图层

12.选中油漆桶工具，将前景色设置为为#7b3631，在复制出的笔画"撇"中使用油漆桶单击进行颜色修改，以此来增加画面生动感，效果如图5-25。

图5-25　修改颜色

13.最后执行"文件>存储为"命令，点击保存，效果如图5-26。

图5-26　效果图

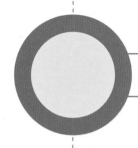

任务2 "沁园春·雪"雪地文字制作

【任务描述】

　　北国风光，千里冰封，万里雪飘……在诗词《沁园春·雪》中描绘了北国壮丽的雪景，纵横千万里，展示了大气磅礴、雄阔豪放、旷达豪迈的意境，抒发了词人热爱祖国壮丽河山的感情，图5-27。当文字"沁园春·雪"呈现在冬天的雪地中会是怎样的视觉感受呢？图5-28是通过文字工具、画笔工具、图层样式与图层混合模式的综合运用制作出的雪地文字效果，你能完成该雪地文字特效的制作吗？

图5-27　《沁园春·雪》　　　　　　　　　图5-28　雪地文字特效

【知识导航】

图层混合模式、图层样式与画笔工具

　　图层样式与图层混合模式，是Photoshop中制作图层效果的常用方法，两者相辅相成，前者是对图层本身叠加效果，后者是基于混合模式的原理再在图层之上附加特殊效果。

　　Adobe Photoshop也提供了丰富的画笔工具和艺术画笔工具，无论你是想要喷漆效果还是水墨效果，使用画笔都能使每一笔笔触卓尔不凡，让你的创意飞扬！

图层混合模式

1.初识图层混合模式

混合模式是指当前图层与其下方图层的色彩叠加方式，在这之前我们所使用的是图层默认的正常模式。除了正常模式以外，在Photoshop中共有六大类27种混合模式，六大类分别是：组合模式、加深模式组、减淡模式组、对比模式组、比较模式组、色彩模式组，它们都可以产生迥异的合成效果。

图层颜色的混合是在Photoshop中使用频率比较高的功能之一，使用混合模式可以创建各种图层特效展现出意想不到的颜色变化。图层混合模式是"上层图层（混合色）+下层图层（基色）+应用混合模式=新的效果"，如图5-29所示。"基色"是指图像中的原稿颜色，也就是我们要用混合模式选项时，两个图层中下面的那个图层中的像素颜色。"混合色"是指通过绘画或编辑工具应用的颜色，也就是我们要用混合模式命令时，两个图层中上面的那个图层中的像素颜色。"结果色"是指混合后得到的颜色。

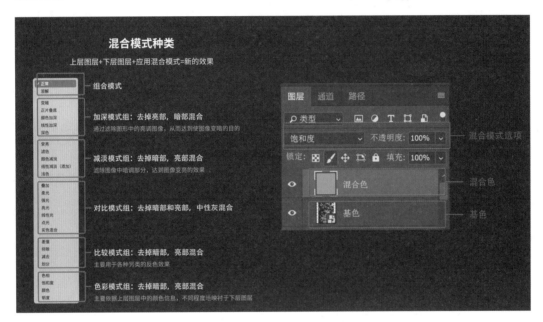

图5-29　混合模式种类

2.常用混合模式

常用混合模式有几种：正片叠底、滤色、颜色减淡、线性减淡（添加）、叠加、柔光；通常用来搭配画笔工具，或者调整光影叠加效果等，更多混合模式见表5-1。

·正片叠底：去掉白色，深色部分与下方图层进行混合。

·滤色：去掉黑色，浅色部分与下方图层进行混合。

·颜色减淡：根据图层中每个通道中的颜色信息，通过减小二者之间的对比度使图层变亮以反映出混合色；与黑色混合则不发生变化。

·线性减淡（添加）：根据图层中每个通道中的颜色信息，通过增加亮度使图层变亮以反映混合色；与黑色混合则不发生变化。

·叠加：对颜色进行正片叠底或过滤，具体取决于基色。

·柔光：去掉中灰色，浅色和深色部分与下方图层进行混合。

表5-1　图层混合模式

模式组	混合模式	定义	相关模式
组合	正常	默认模式；编辑或绘制每个像素，使其成为结果色。	
	溶解	编辑或绘制每个像素，使其成为结果色；但是，根据任何像素位置的不透明度，结果色由基色或混合色的像素随机替换。	
加深	变暗	查看每个通道中的颜色信息，并选择基色或混合色中较暗的颜色作为结果色；将替换比混合色亮的像素，而比混合色暗的像素保持不变。	与深色注意区别，与变亮相对
	正片叠底	查看对应像素的颜色信息，并将基色与混合色复合，结果色总是较暗的颜色，任何颜色与黑色复合产生黑色，任何颜色与白色复合保持不变。	与滤色相对
	颜色加深	查看每个通道中的颜色信息，并通过增加二者之间的对比度使基色变暗以反映出混合色；与白色混合后不产生变化。	与颜色减淡相对
	线性加深	查看每个通道中的颜色信息，并通过减小亮度使基色变暗以反映混合色；与白色混合后不产生变化。	与线性减淡相对
	深色	比较混合色和基色的所有通道值的总和并显示值较小的颜色。	与变暗注意区别，与浅色相对
减淡	变亮	查看每个通道中颜色信息，并选择基色或混合色中较亮的颜色作为结果色，比混合色暗的像素会被替换，比混合色亮的像素则保持不变。	与浅色注意区别，与变暗相对
	滤色	查看每个通道的颜色，并将混合色的互补色与基色复合，结果色是较亮的颜色。	与正片叠底相对
	颜色减淡	查看每个通道中的颜色信息，并通过减小二者之间的对比度使基色变亮以反映出混合色；与黑色混合则不发生变化。	与颜色加深相对
	线性减淡（添加）	查看每个通道的颜色信息，并通过增加亮度使基色变亮以反映混合色，与黑色混合则不发生变化。	与线性加深相对
	浅色	比较混合色和基色的所有通道值的总和并显示值较大的颜色。	注意与变亮区别，与深色相对
对比	叠加	对颜色进行正片叠底或过滤，具体取决于基色；图案或颜色在现有像素上叠加，同时保留基色的明暗对比；不替换基色，但基色与混合色相混以反映原色的亮度或暗度。	正片叠底+滤色
	柔光	是整个混合模式中混合效果最为平滑的混合模式；如果两图像以柔光模式相混合，柔光模式至多把图像的反差和饱和度增大到原来四分之一的程度。	与叠加相似
	强光	对颜色进行正片叠底或过滤，具体取决于混合色；此效果与耀眼的聚光灯照在图像上相似；如果混合色（光源）比50%灰色亮，则图像变亮，就像过滤后的效果；如果混合色（光源）比50%灰色暗，则图像变暗，就像正片叠底后的效果；用纯黑色或纯白色上色会产生纯黑色或纯白色。	正片叠底+滤色
	亮光	通过增加或减小对比度来加深或减淡颜色，具体取决于混合色；如果混合色（光源）比50%灰色亮，则通过减小对比度使图像变亮；如果混合色比50%灰色暗，则通过增加对比度使图像变暗。	颜色加深+颜色减淡
	线性光	通过减小或增加亮度来加深或减淡颜色，具体取决于混合色；如果混合色（光源）比50%灰色亮，则通过增加亮度使图像变亮；如果混合色比50%灰色暗，则通过减小亮度使图像变暗。	线性加深+线性减淡

模式组	混合模式	定义	相关模式
对比	点光	它根据混合色替换颜色；如果混合色（光源）比50%灰色亮，则替换比混合色暗的像素，而不改变混合色亮的像素；如果混合色比50%灰色暗，则替换比混合色亮的像素，而不改变比混合色暗的像素。	变亮+变暗
	实色混合	在实色混合模式下从图像上只能找到8种纯色（三原色三补色及黑白）。	阈值调整
比较	差值	查看每个通道中的颜色信息，并从基色中减去混合色，或从混合色中减去基色，具体取决于哪一个颜色的亮度值更大；与白色混合将反转基色值；与黑色混合则不产生变化。	
	排除	创建一种与"差值"模式相似但对比度更低的效果；与白色混合将反转基色值；与黑色混合则不发生变化。	
	减去	查看每个通道中的颜色信息，并从基色中减去混合色；在8位和16位图像中，任何生成的负片值都会剪切为零。	保留差值的一半
	划分	查看每个通道中的颜色信息，并从基色中分割混合色。	
色彩	色相	用基色的明亮度和饱和度以及混合色的色相创建结果色。	
	饱和度	用基色的明亮度和色相以及混合色的饱和度创建结果色；在无（0）饱和度（灰度）区域上用此模式绘画不会产生任何变化。	
	颜色	用基色的明亮度以及混合色的色相和饱和度创建结果色。	与明度相反
	明度	用基色的色相和饱和度以及混合色的明亮度创建结果色。	与颜色相反

图层样式

图层样式是应用于一个图层或图层组的图层效果。通过使用Photoshop中提供的"图层样式"对话框来添加样式。当移动或复制图层时，修改内容中也会应用相同的样式效果。

1.图层样式类型

执行"图层>图层样式>混合选项"或在"图层"面板选中需要修改的图层，右键点击选择"混合选项"，打开"图层样式"面板。在"图层样式"面板中设置需要应用的样式，更改参数后点击"确定"就可以为图层添加一种或者多种效果，如图5-30。

图5-30 "图层样式"面板

其中常用图层样式类型有如下几种：

- 投影：为图层内容添加阴影。
- 内阴影：紧靠在图层内容的边缘内侧添加阴影，使图层具有凹陷外观。
- 外发光和内发光：添加从图层内容的外部边缘或内部边缘发出的光。
- 斜面和浮雕：对图层添加高光与阴影的各种组合。
- 光泽：应用可创建光滑光泽的内部阴影。
- 颜色、渐变和图案叠加：用颜色、渐变或图案填充图层内容。
- 描边：使用颜色、渐变或图案描出图层内容的轮廓。

为图层添加完图层样式后，图层效果将出现在"图层"面板中"图层名称"的右侧；点击下三角可以展开图层样式，如图5-31至5-32所示。

图5-31　添加图层样式后效果

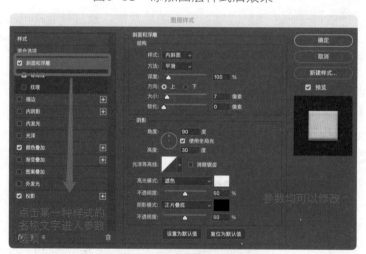

图5-32　查看图层样式

2.图层样式基本操作

- 隐藏/显示图层样式。方法一：执行"图层>图层样式>隐藏所有效果"或"显示所有效果"；方法二：调整"图层"面板中图层样式的可见性。
- 复制/粘贴图层样式。在"图层"面板中选中需要拷贝的样式图层，右键点击选择"拷贝图层样式"，再选择目标图层，右键点击"粘贴图层样式"。需要注意的是，如果目标图层本身就有图层样式，粘贴过来的样式将会替换图层上已有的图层样式。

·清除图层样式。方法一：选中单一或多个图层，在"图层"面板中选中需要清除样式的图层，右键点击"清除图层样式"。方法二：执行"图层>图层样式>隐藏所有效果"，如图5-33。

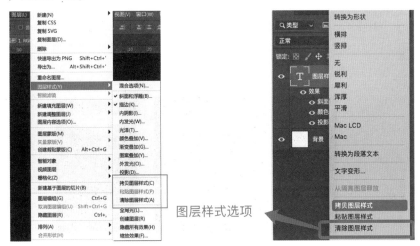

图5-33　清除图层样式

画笔工具

画笔工具与传统绘图工具的相似之处在于：它们都使用画笔描边来应用颜色。橡皮擦工具、模糊工具和涂抹工具等工具都可修改图像中的现有颜色。在这些绘画工具的选项栏中，可以设置对图像应用颜色的方式，并可从"画笔预设"中选取笔尖形状、大小、硬度等。

1.画笔设置

点击"窗口>画笔设置"打开"画笔设置"面板，通过该面板内容可以重新修改现有画笔，也可以自定义新的画笔。"画笔设置"面板里面有着可用于输出各种颜色模式笔刷的画笔笔尖选项，并且可以在面板底部预览笔刷样式，如图5-34。

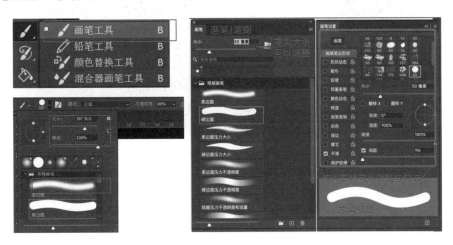

图5-34　"画笔设置"面板

2.自定义画笔预设

在海报设计、插画设计等案例中经常会遇到重复使用同一图形元素进行创意表现的案例，当遇到这种情况时可以使用Photoshop中的自定义画笔，它能有效提高数字艺术作品的创作速度。在画布中绘制好图案"小草"，关闭其他图层可见性，如图5-35；执行"编辑>定义画笔预设"，将透明背景的"小草"设置为画笔，并命名为"小草画笔"；选择画笔工具，在"画笔预设"选取器中找到"小草画笔"，设置好画笔的大小、颜色等在画布中绘制即可，效果如图5-36所示。

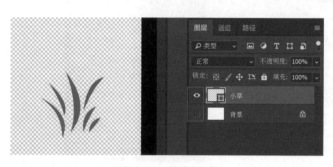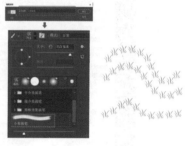

图5-35　绘制小草　　　　　　　　图5-36　自定义"小草画笔"

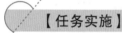【任务实施】

1.启动Adobe Photoshop，执行"文件>打开"命令，在Photoshop中打开素材文件"沁园春·雪"，如图5-37。

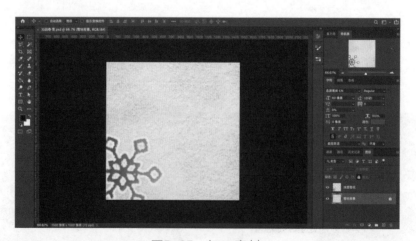

图5-37　打开素材

2.使用"竖排文字工具"，在选项栏选择手写体来模拟雪地写字效果，字体大小为420px、颜色为#2868d1；在画布中合适位置输入文字"沁园春·雪"，调整文字字距为-260px；按住快捷键Ctrl+T，旋转文字角度为-17°，使文字与雪花角度合适，如图5-38。

图5-38 输入汉字

3.在"图层"面板选中文字图层"沁园春·雪",右键选择"混合选项"打开"图层样式"面板为文字添加立体效果;勾选"内阴影"并点击进入参数面板,调整参数:选择混合模式为"柔光"给文字添加冰面淡淡的柔光效果,不透明度为50%、角度150°、距离10、大小10,如图5-39。

图5-39 添加文字效果1

4.接着点击"内阴影"后方的 ➕ 再添加一个"内阴影"的效果,叠加同一图层样式,调整参数:选择混合模式为"柔光"形成光线折射的深浅效果;不透明度为100%,角度-65°、距离8、大小8,如图5-40。

图5-40 添加文字效果2

5.勾选"渐变叠加"并点击进入参数面板，调整参数：选择混合模式为"正常"，渐变颜色为#83aafe~#0147ae、不透明度为100%、角度-170°，为冰面添加光线折射的不同颜色，如图5-41，点击"确定"。

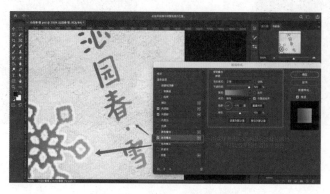

图5-41　添加冰面效果1

6.选中"沁园春·雪"，使用快捷键Ctrl+J复制得到"沁园春·雪拷贝"文字图层，右键选择"混合选项"打开"图层样式"面板，再勾选一个"描边"并点击进入参数面板，调整参数：选择混合模式为"正常"，渐变颜色为#83aafe~#0147ae，不透明度为100%，角度-170°，为冰面添加光线折射的不同颜色，如图5-42，点击"确定"。

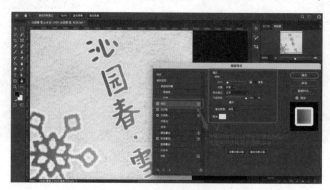

图5-42　添加冰面效果2

7.在"图层"面板选中文字图层"沁园春·雪拷贝"，右键选择"栅格化图层样式"，使加粗的部分和字体融为一体，如图5-43。

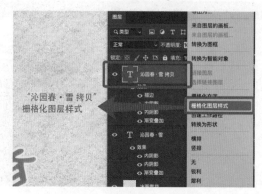

图5-43　栅格化图层

8.按住Ctrl键点击"图层"面板中"沁园春·雪拷贝"图层的缩略图建立选区，执行"窗口>路径"命令打开"路径"面板，选择"从选区生成工作路径"，为文字生成一个路径，如图5-44。

图5-44　生成文字路径

9.切换到"图层"面板，点击"创建新图层"新建一个空白图层，如图5-45。

图5-45　新建空白图层

10.选择"画笔工具"，打开"画笔预设"选取器，在设置 ⚙ 中选择载入"旧版画笔"并点击"确定"，如图5-46至5-47。

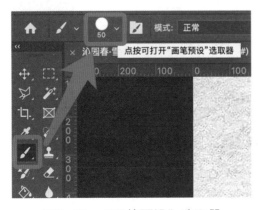

图5-46　"画笔预设"选取器　　　图5-47　旧版画笔

11.点击画笔，在"旧版画笔>默认画笔"中找到"喷溅24"，以模拟积雪的效果，如图5-48。

12.执行"窗口>画笔设置"命令，打开"画笔设置"面板，调整参数如下：勾选点击"形状动态"，大小抖动100%、角度抖动100%；勾选点击"散布"，散布60%；勾选"杂色"，效果如图5-49。

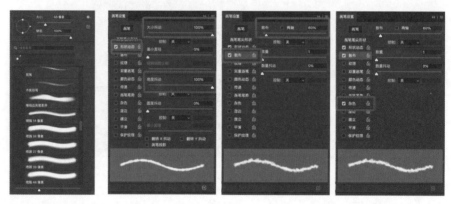

图5-48　选择画笔　　　　　　　　图5-49　设置画笔参数

13.选择"钢笔工具"，更改前景色为#f4f4f4，在路径任意位置右键点击打开选项卡，选择"描边路径"；在"描边路径"的对话框中勾选"画笔"，点击"确定"，如图5-50至5-51。

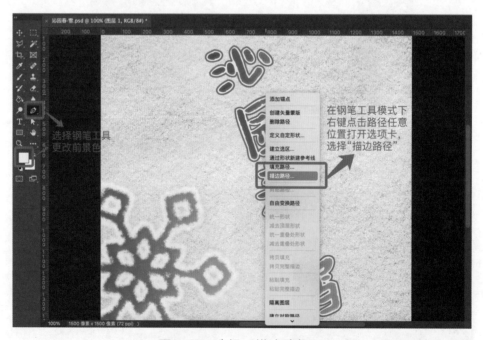

图5-50　选择"描边路径"

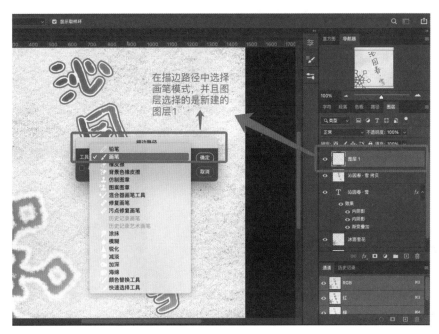

图5-51　勾选"画笔"

14.在"钢笔工具"状态下右键打开选项卡选择"删除路径"，如图5-52；在"图层"面板删除"沁园春·雪拷贝"图层，完成文字划开积雪效果的立体效果，如图5-53。

图5-52　删除路径

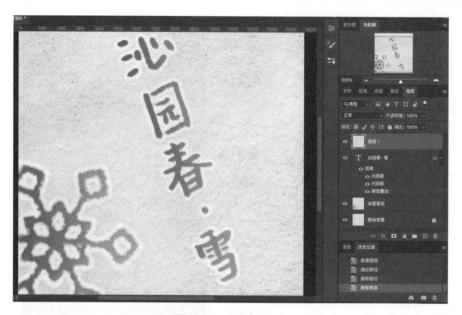

图5-53　删除图层

15.在"图层"面板选中文字图层"图层1",右键选择"混合选项"打开"图层样式"面板为积雪添加阴影效果使其更加真实;勾选"投影"并点击进入,调整参数:选择混合模式为"正片叠底",不透明度为30%、角度150°、距离8、扩展10、大小10,如图5-54。

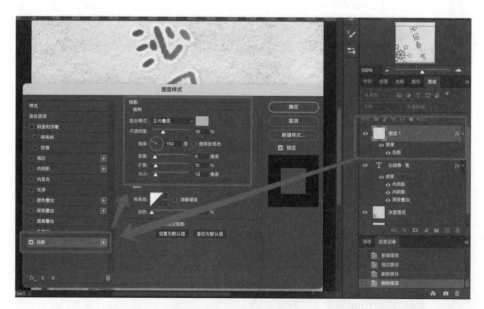

图5-54　添加阴影效果

16.最后执行"文件>存储为"命令,点击保存,最终完成任务2,效果如图5-55。

图5-55　效果图

【知识拓展】

《五四青年节》海报

　　青春，是人生最美的时光；青年，是国家的未来和民族的希望。图5-56"五四青年节"海报描绘了当代青年翱翔于梦想的蓝天，天空无限宽广，梦想即刻起航。海报主体是汉字"青年"和数字"54"组合而成的图形化文字，两者结合得巧妙，保证文字基本阅读性的同时，又体现了文字设计的结合性与设计感。

　　新一代青年大学生群体，沐浴着党的光辉，不断焕发出崭新的创造活力，成为推动经济建设、文化艺术和社会民生等领域发展的强而有力的新生力量；在中国昂首阔步迈向社会主义现代化强国的道路上，以信仰之基，着青春之色，以奋斗之姿，建时代新功！

图5-56　海报

【项目小结】

　　Adobe Photoshop中的文字工具也较为强大，在文字变形、文字排版等方面有着自身的优势。当将文字进行图形化处理时，也可以结合图层样式、图层混合模式、画笔工具等为文字赋予独特的艺术效果。文字图形效果的制作，不仅需要熟练掌握工具，也要学会举一反三，只有这样才能打开新的文字创意大门，为设计赋予新的表现方法。

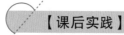

【课后实践】

青春是一首首唱不完的歌，在每一句歌词背后都有说不完的故事。

有人高唱"向前跑，迎着冷眼和嘲笑，生命的广阔不历经磨难怎能感到"，也有人轻吟"我要一步一步往上爬，在最高点乘着叶片往前飞，让风吹干流过的泪和汗，总有一天我有属于我的天"，更有人欢呼"要怎么形容明天，像我一样，承风骨亦有锋芒，有梦则刚。去何方，去最高的想象。前往皓月星辰，初心不忘"……

你心中的青春之歌是哪一首呢？你的青春之歌又是一幅什么样的画面呢？参考图5-57，将画面描绘，将文字书写，用Photoshop的文字工具、图层样式、图层混合模式等方法设计你的青春之歌吧！

图5-57　参考图

项目六　图像后期处理

　　滤镜库、蒙版、通道是Photoshop中十分强大的功能，使用滤镜库可以实现图像的素描、油画、水彩画等特殊艺术效果；合理地运用蒙版能够进行合成效果制作，实现天马行空的创意；通道则可以对复杂图像进行背景置换。在滤镜库、蒙版、通道的作用下，Photoshop中的各项调整功能才能真正发挥到极致。本项目通过"只此青绿"折纸效果制作、婚纱图像背景置换两个任务来展开，通过Photoshop后期处理，使画面焕然一新，达到数字艺术展示的效果。

配套资源

【学习目标】

　　1.了解Photoshop滤镜库，学习使用滤镜库中的艺术效果，掌握不同滤镜的使用方法，并能够综合运用为图像添加特效；

　　2.了解蒙版的分类和操作原理，能够熟练掌握不同蒙版的使用，能够使用剪切蒙版和图层蒙版进行效果制作；

　　3.认识通道，了解不同颜色模式通道的差异，掌握复制、合并、分离通道的方法；

　　4.能够从图片素材的选择与应用中提升版权保护的意识，遵守各项设计标准，培养良好的职业道德规范。

任务1　"只此青绿"折纸效果制作

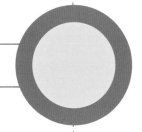

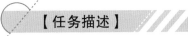

【任务描述】

　　千里江山只青绿，绝唱名画重现起，墨工凝蕴诗画意，曼妙仙造了不起！在2022年央视春晚中舞蹈诗剧《只此青绿》用舞蹈的形式展现了一卷千里江山图，当千里江山图与艺术文字碰撞又会产生怎样的火花呢？在海报、Banner等设计中模拟纸张折叠效果是一种较为常见的设计表现，如图6-1就是综合运用图层样式、蒙版、滤镜中的多种模糊完成的"只此青绿"折纸特效，给青绿山水赋予了更多文字创意特色。你能运用所学技能完成该效果制作吗？

图6-1　折纸效果

【知识导航】

滤镜与蒙版

"滤镜"菜单与滤镜库

1.认识滤镜

在Photoshop中滤镜不仅能够制作出素描或印象派绘画外观的特殊艺术效果，还可以为图像叠加多重模糊质感，许多常见的图像特效背景和光晕效果也是通过滤镜来实现。

"滤镜"菜单中包含以下滤镜：液化、消失点、模糊、模糊画廊、扭曲、锐化、像素化、渲染、杂色等，如图6-2。

应用滤镜时需要注意几个方面：

·滤镜可以应用于像素图层及智能对象，应用于形状图层时会提示是否栅格化图层或者转换为智能对象。

·通过"滤镜>滤镜库"可以对同一图像应用多个滤镜效果，也可以单独应用滤镜。

·滤镜不能应用于位图模式或索引颜色模式。

·Photoshop还可以通过下载第三方开发商提供的特殊滤镜，以作为增效工具使用。

2.智能滤镜

应用于智能对象的滤镜就是智能滤镜，智能滤镜属于"非破坏性滤镜"。由于智能滤镜的参数是可以调整的，因此可以调整智能滤镜的作用范围，进行移除、隐藏等操作。

在使用智能滤镜之前需要将普通图层转换为智能对象。在"图层"面板选中需要转换的图层，右键单击选择"转换为智能对象"命令，即可将普通图层转换为智能对象，如图6-3。此时再添加滤镜时即可出现智能滤镜，如图6-4。

图6-2　"滤镜"菜单　　　　图6-3　图层转换　　　　图6-4　智能滤镜

3.滤镜库的使用

滤镜库是多个滤镜组的合集，这些滤镜组中包含了大量常用的滤镜，可以在滤镜库窗口进行预览，更改参数，如图6-5。以下是"滤镜库"对话框中的主要功能：

·效果预览窗口：可以预览滤镜应用后的效果，同时在预览窗口的下方可以放大、缩小预览窗口。

·滤镜组：滤镜库包含多个滤镜组，在每个滤镜组中也有多个滤镜可以应用。

·滤镜组下拉按钮：单击下三角按钮在列表中可以选择不同的滤镜。

·参数设置面板：选择滤镜后可以在该区域对当前使用的滤镜进行参数设置。

·应用的滤镜：显示已经应用的滤镜。

·当前使用的滤镜：显示当前使用的滤镜。

·新建效果图层：单击"新建效果图层"按钮可以创建一个新的效果图层，通过多个滤镜重叠可以达到一个理想的效果。

·删除效果图层：单击该按钮可以删除当前选中的效果图层。

图6-5　"滤镜库"对话框

4.常用滤镜——模糊、模糊画廊命令组

Photoshop中"滤镜>模糊"菜单下提供了表面模糊、动感模糊、方框模糊、高斯模糊等多种模糊效果，如图6-6；"滤镜>模糊画廊"菜单下提供的模糊效果有场景模

糊、光圈模糊、倾斜偏移、路径模糊、旋转模糊。模糊命令可以将图像边缘过于清晰或对比度过于强烈的区域进行模糊，产生各种不同的模糊效果，起到突出主体或是柔化图像的作用。

·表面模糊：在保留图像边缘的同时对图像进行模糊，如图6-7。其中"半径"选项设置的是模糊程度的大小，而"阈值"选项设置的是模糊范围的大小，效果如图6-8。表面模糊常应用于人像磨皮、祛斑美容等方面。

图6-6 "模糊"菜单　　图6-7 表面模糊

图6-8 表面模糊效果

·动感模糊：通过设置模糊角度与强度，模仿物体高速运动时曝光的摄影手法，表现速度感，如图6-9，效果如图6-10。

图6-9 动感模糊　　　　图6-10 动感模糊效果

· 方框模糊：基于图像中相邻像素的平均颜色来模糊图像。半径值越大，模糊的效果越强烈，如图6-11，效果如图6-12。

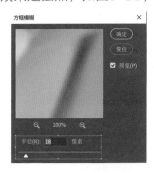

图6-11　方框模糊　　　　　　　　图6-12　方框模糊效果

· 高斯模糊：通过设置相应的值，达到更细致的应用模糊效果，如图6-13。高斯模糊滤镜是较常使用的滤镜之一。同样，参数中的"半径"选项，值越大图像越模糊，效果如图6-14。

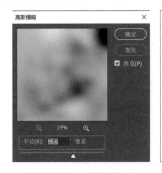

图6-13　高斯模糊　　　　　　　　图6-14　高斯模糊效果

· 径向模糊：径向模糊滤镜使图像产生一种旋转或放射的模糊效果，该滤镜的模糊中心可以在对话框中进行调整。将模糊方式设置为"缩放"，以设置的基准点为中心向外扩散图像，并设置"数量"选项参数，如图6-15，来调整模糊的应用程度，效果如图6-16。

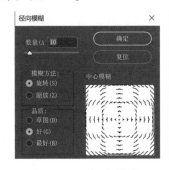

图6-15　径向模糊　　　　　　　　图6-16　径向模糊效果

· 场景模糊：通过设定具有不同模糊数值的多个模糊点来创建具有渐变样式的模糊效果。可以通过点击将多个图钉添加到图像编辑框，并指定每个图钉的模糊数值，最终结果是合并图像上所有模糊图钉的效果，如图6-17。

图6-17　场景模糊

·光圈模糊：对图片模拟浅景深效果，且不管使用的是什么相机或镜头都可以定义多个焦点，这是使用传统相机技术几乎不可能实现的效果，如图6-18。

图6-18　光圈模糊

·移轴模糊：可以模拟使用倾斜偏移镜头拍摄的具体效果。

·路径模糊：可以沿路径创建运动模糊，还可以控制形状和模糊数值。Photoshop可自动合成应用于图层与图像中的多个路径模糊效果。

·旋转模糊：可以在一个或多个点进行旋转和模糊图像。

蒙版

Photoshop中的蒙版是进行图像编辑与合成的必备利器，它用于遮罩部分图像，使其免受操作的影响。这种隐藏不是删除的编辑方式，而是一种非常方便的非破坏性编辑方式。使用蒙版编辑图像可以避免使用橡皮擦或裁剪、删除等造成的失误，还可以对蒙版应用部分滤镜，从而实现意想不到的特效。在Photoshop中，蒙版有快速蒙版、剪贴蒙版、图层蒙版和矢量蒙版4种。

1.快速蒙版

快速蒙版是用来创建和编辑选区的蒙版。

·创建快速蒙版：单击工具箱底部的"以快速蒙版模式编辑"按钮 ▣ ，在"通道"面板中将会看到快速蒙版通道，如图6-19。

·编辑快速蒙版：在快速蒙版编辑模式下，设置前景色为黑色，使用画笔等绘画工具在图像上进行绘制，绘制区域将以红色显示出来。使用白色进行绘制则相当于擦除，如图6-20。在这里红色的区域表示未选中的区域，非红色区域表示选中的区域，如图6-21。

图6-19 创建快速蒙版

图6-20 编辑快速蒙版

图6-21 区域显示

2.剪贴蒙版

剪贴蒙版是用下方图层的形状来限制上方图层的显示状态，它是由基底图层和内容图层两部分组成。基底图层是位于剪贴蒙版最底端的图层，它决定上方图层的显示范围。内容图层可以是一个可以是多个，对内容图层进行移动变换时，基底图层的显示区域也会发生变化，要注意的是这些图层必须是相邻图层。

图6-22　剪贴蒙版

· 剪贴蒙版的创建方法有以下几种：

方法一：在"图层"面板中选择一个或多个内容图层，右键点击创建剪贴蒙版，如图6-23。

方法二：选择一个或多个内容图层执行"图层>创建剪贴蒙版"命令，创建剪贴蒙版，如图6-24。

方法三：按住Alt键在基底图层与内容图层之间单击，创建剪贴蒙版。

· 释放剪贴蒙版的方法有以下几种：

方法一：在"图层"面板中选择内容图层，右键点击释放剪贴蒙版。

方法二：选中内容图层，执行"图层>释放剪贴蒙版"命令。

方法三：按住Alt键在基底图层与内容图层之间单击，即可释放剪贴蒙版。

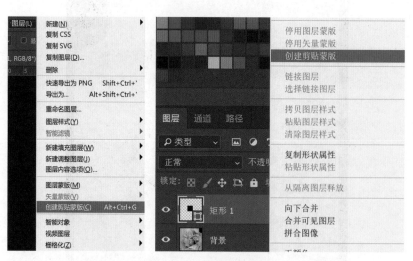

图6-23　方法一　　　　　　图6-24　方法二

3.图层蒙版

图层蒙版是蒙版中最常用的一种形式，也是Photoshop抠图合成的必备工具，在"图层"面板中显示于图层缩览图的后方。图层蒙版是非破坏性编辑工具，通过使用"填充""画笔工具"等命令处理蒙版的黑白关系，从而控制图像的显示与隐藏。在Photoshop中，图层蒙版遵循"黑透明、白不透明、灰半透明"的工作原理，效果如图6-25。

图6-25　图层蒙版

· 创建图层蒙版：

方法一：执行"图层>图层蒙版>从透明区域"命令即可创建图层蒙版，如图6-26。

方法二：选择需要添加图层蒙版的图层，在"图层"面板中单击"添加图层蒙版"按钮，即可创建一个图层蒙版，如图6-27。

图6-26　方法一　　　　　　图6-27　方法二

方法三：绘制选区，单击"图层"面板中的"添加图层蒙版"按钮，可以基于当前选区创建图层蒙版，效果如图6-28。

图6-28　方法三

蒙版不是一成不变的，还可以对图层蒙版进行停用或启用、删除、转移、替换等操作，操作步骤如图6-29和6-30。

·停用图层蒙版：执行"图层>图层蒙版>停用"命令，或者右键点击图层蒙版缩览图，在弹出的菜单中选择"停用图层蒙版"命令。

·启用图层蒙版：执行"图层>图层蒙版>启用"命令，或者右键点击图层蒙版缩览图，在弹出的菜单中选择"启用图层蒙版"命令。

·删除图层蒙版：执行"图层>图层蒙版>删除"命令，或者右键点击图层蒙版缩览图，在弹出的菜单中选择"删除图层蒙版"命令。

·转移图层蒙版：将蒙版的缩览图向目标图层拖曳。

·替换图层蒙版：将蒙版的缩览图向目标图层的蒙版缩览图拖曳，弹出对话框点击"是"即可。

·拷贝图层蒙版：按住Alt键将蒙版的缩览图向目标图层拖曳。

图6-29　图层蒙版操作一　　　　图6-30　图层蒙版操作二

4.矢量蒙版

矢量蒙版可以使用钢笔或形状工具在蒙版上绘制路径形状来显示与隐藏图像，并可以通过调整路径节点来绘制蒙版区域，如图6-31。

创建矢量蒙版的方法有两种：

方法一：选择钢笔工具或者形状工具，绘制图像路径，执行"图层>矢量蒙版>当前路径命令"，创建矢量蒙版；

方法二：选择钢笔工具或者形状工具，绘制图像路径，按住Ctrl单击"图层"面板中的"添加图层蒙版"图标创建矢量蒙版。

图6-31　矢量蒙版

【任务实施】

1.启动Adobe Photoshop，执行"文件>打开"命令，在Photoshop中打开素材文件"只此青绿"，图层"千里江山图（局部）"关闭图层可见性，如图6-32。

2.点击"横排文字工具"，为了达到更好的设计效果，在选项栏中选择任意一种文字较为粗的字体，在画布中输入文字"青"，设置其字体大小为500px、颜色为黑色，点击确认。使用移动工具放置于合适位置，效果如图6-33，再使用同样的参数单独输入"绿"，并放置于合适位置，关闭图层可见性，隐藏备用。

图6-32　打开素材

图6-33　输入文字

3.在"图层"面板选中文字图层"青"，右键点击选择"转换为形状"，使用快捷键Ctrl+J复制该图层，得到形状图层"青拷贝"。

4.在"图层"面板选中形状图层"青拷贝"，使用Ctrl+T打开自由变换工具，右键选择"斜切"，设置垂直斜切为20°，点击确定；更改文字颜色为#b19c68，如图6-34至6-35。

图6-34　斜切1　　　　　　　　　　　图6-35　更改文字颜色

5.执行"滤镜>模糊画廊>移轴模糊"命令，将模糊轴旋转为垂直的90°，拉开虚线与实线之间的模糊区域，覆盖整个文字；调整模糊数值为50像素；点击"确定"，效果如图6-36。

6.更改"青拷贝"的图层混合模式为"正片叠底"，效果如图6-37。

图6-36　移轴模糊　　　　　　　　　　图6-37　混合图层

7.在"图层"面板选中图层"青"，使用快捷键Ctrl+J复制该图层，得到"青拷贝2"，更改颜色与背景色一致#f6eed7，并移动到"青拷贝"图层上方。使用快捷键Ctrl+T打开自由变换工具，先压缩左右宽度，右键选择"斜切"，设置垂直斜切为-16°，点击"确定"，如图6-38。继续在"青拷贝2"图层中右键选择"变形"，调整上下手柄增加文字中间弧度，调整成纸被吹着翻起来的效果，点击"确定"。注意三个"青"图层均需要左对齐，无缝隙，效果如图6-39。

图6-38　斜切2　　　　　　　　　　　图6-39　"青"字效果

8.在"图层"面板选中图层"千里江山图（局部）"，使用快捷键Ctrl+J复制该图层，得到"千里江山图（局部）拷贝"，打开图层可见性；将该图层移动至图层"青"上方，右键选择"创建剪贴蒙版"，效果如图6-40。

9.在"图层"面板选中图层"青"，右键选择"混合选项"打开"图层样式"面板，勾选"内阴影"，颜色为#806832，不透明度70%，阴影角度120°，距离20px，阻塞0，大小25px，效果如图6-41。

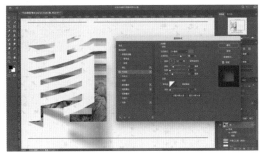

图6-40　图文结合　　　　　　　　图6-41　设置"青"内阴影

10.继续在"图层样式"面板中点选"投影"，更改混合模式为"线性减淡（添加）"，颜色为#fffcf2，不透明度60%，阴影角度120°，距离2px，阻塞0，大小3px，点击确定，效果如图6-42。

11.在"图层"面板选中图层"青拷贝2"，右键选择"混合选项"打开"图层样式"面板：勾选"内阴影"，颜色为#806832，不透明度30%，阴影角度-30°，距离3px，阻塞0，大小1px，效果如图6-43。

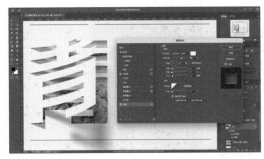
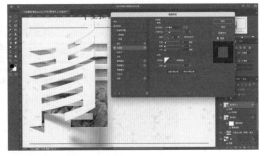

图6-42　设置"青"投影　　　　　　图6-43　设置"青拷贝2"内阴影

12.接下来制作"青"字折纸的纸痕效果。在"图层"面板选择新建一个空白图层"图层1"，更改前景色为#806832，使用渐变工具"前景色到透明渐变"，从左至右拉取一段较短的渐变色，效果如图6-44；将"图层1"移动至图层"青拷贝2"上方，并右键"创建剪贴蒙版"；更改图层混合模式为"正片叠底"，不透明度20%，效果如图6-45。

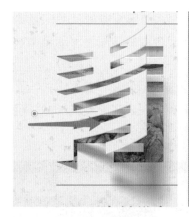 

图6-44　图层1　　　　　　　　　　图6-45　　"青"字效果

13.将以上编辑与创建的图层一起选中，建立分组，更改名字为"青"，"青"字的折纸效果就制作好了。

14.继续制作"绿"字的效果。"绿"字偏旁不垂直，因此需要调整左边的文字偏旁，使图像边缘贴合，更像折纸折痕翻起来效果。在"图层"面板选中文字图层"绿"，打开图层可见性；右键选择"转换为形状"；使用"直接选择工具"，选中"绿"字偏旁并使用快捷键Ctrl+shift+J通过剪切建立新图层，分离偏旁，图层重命名"绿偏旁"，效果如图6-46。

15.选中图层"绿偏旁"，使用"直接选择工具"调整具体的每一个锚点，使整条边线锚点左对齐，效果如图6-47。

图6-46　分离偏旁

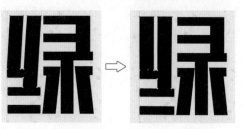

图6-47　调整锚点

16.重复步骤4至步骤12，分别将图层"绿偏旁"和"绿"的效果添加，使用移动工具，根据画面具体调整每个图层组的位置，效果如图6-48。

图6-48 "绿"字效果

17.最后执行"文件>存储为"命令，保存为"JPEG"格式，效果如图6-49，完成折纸效果的制作。

图6-49 效果图

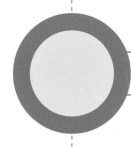

任务2 婚纱图像背景置换

【任务描述】

在图像处理中经常需要选择图像的部分区域，除前面所学习到的选框工具、套索工具、快速选择、钢笔工具之外，通道也是较为常见的抠取图像方法，它的原理是利用颜色反差来分离背景和物体，从而达到选择图像的效果。当遇到半透明物体，如发丝、玻璃、婚纱、冰块时，则需要使用"通道"来选择主体物。图6-50是一张婚纱摄影图像，你能运用"通道"完成该图像的背景置换吗？

图6-50 素材图像

 【知识导航】

通道

在Photoshop中，通道主要用于存储图像的颜色信息和选区信息。执行"窗口>通道"命令打开"通道"面板，如图6-51，其各选项含义如下：

· 眼睛图标：用于控制各通道的显示和隐藏。

· 缩览图：用于预览各通道中的内容。

· 将通道作为选区载入：单击该按钮，可以将选择的通道作为选区进行载入。

・将选区存储为通道：单击该按钮，可以将图像中创建的选区存储为通道。

・创建新通道：单击该按钮，可以新建一个Alpha通道。

・删除当前通道：单击该按钮，可以删除当前选择的通道。

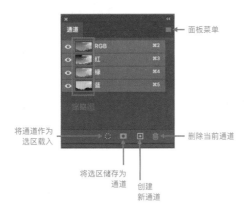

图6-51 "通道"面板

通道的操作

通道的基本操作包括创建通道、将通道作为选区载入、将选区存储为通道、复制通道和删除通道。

1.创建通道

在"通道"面板中单击"创建新通道"按钮 ⊡，或点击面板菜单中的"新建通道"，即可创建新通道，如图6-52。

2.将通道作为选区载入

方法一：在"通道"面板中单击"将通道作为选区载入"按钮 ▦，即可调用所选通道上的灰度值，并将其转换为选区。方法二：按住"Ctrl"键的同时，在"通道"面板中单击要载入选区通道的缩览图，也可将其载入选区，如图6-53。

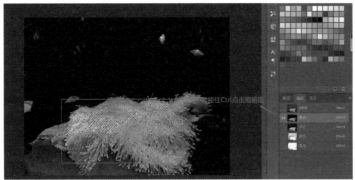

图6-52 创建通道 　　　　　　　　图6-53 方法二

3.将选区存储为通道

首先在图像中创建选区，点击"通道"面板中的"将选区存储为通道"按钮 ▣，即可将选区存储为通道，或执行"选择>存储选区"命令，将选区存储为通道，如图6-54至6-55。

图6-54　"存储选区"命令　　图6-55　"存储选区"面板

4.复制通道

方法一：在"通道"面板中选择要复制的通道，将其拖到"创建新通道"按钮上 ⊞ ，松开鼠标即可复制该通道；方法二：点击面板菜单中的"复制通道"，即可复制选中的通道，如图6-56；方法三：在通道上单击鼠标右键，然后在弹出的快捷菜单中选择"复制通道"命令，如图6-57。

图6-56　方法二　　　　　图6-57　方法三

5.删除通道

在通道上单击鼠标右键，然后在弹出的快捷菜单中选择"删除通道"命令，或将要删除的通道拖动至"通道"面板下方的删除按钮，即可删除通道。

通道的分类

通道分为颜色通道、Alpha通道和专色通道3种类型。

1.颜色通道

颜色通道是构成整体图像的颜色信息表现为单色图像的工具。根据图像颜色模式的不同，颜色通道的数量也不同。RGB模式的图像有RGB、红、绿、蓝4个通道，如图6-58；CMYK颜色模式的图像有CMYK、青色、洋红、黄色、黑色5个通道，如图6-59。每个颜色通道都存放着图像中某种颜色的信息，所有颜色通道中的颜色叠加混合即产生图像中像素的颜色，例如在RGB模式的图像中隐藏蓝色通道时，画面仅呈现红色和绿色叠加的效果，如图6-60。

图6-58　RGB通道　　　　图6-59　CMYK通道　　　　图6-60　隐藏蓝色通道效果

2.Alpha通道

Alpha通道主要用于选区的存储编辑与调用。Alpha通道是一个8位的灰度通道，该通道用256级灰度来记录图像中的透明度信息，定义透明、不透明和半透明区域。其中白色代表被选择的区域，黑色代表未被选择的区域，而灰色则代表被部分选择的区域，即羽化的区域。Alpha通道只是存储选区，并不会影响图像的颜色，如图6-61。

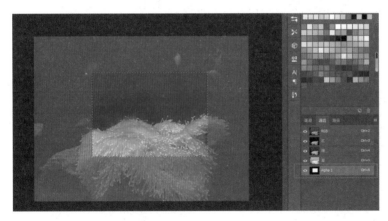

图6-61　Alpha通道

3.专色通道

专色通道是用于替代或补充印刷色（CMYK）的特殊预混油墨，如金属质感油墨、荧光油墨等。如果要印刷带有专色的图像，则需要使用专色通道来存储专色。在"通道"面板中的面板菜单中点击"新建专色通道"命令可以新建专色通道，如图6-62。每个专色通道只能存储一种专色信息，而且是以灰度形式来存储的，如图6-63。

图6-62　新建专色通道　　　　图6-63　专色信息存储

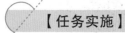

【任务实施】

1.执行"文件>打开"命令，在软件中打开素材文件"人物"，如图6-64。

图6-64　打开素材

2.按住快捷键Ctrl+J，复制背景图层，并命名为"婚纱"，如图6-65。

图6-65　"婚纱"图层

3.新建空白图层，填充为灰色，颜色数值为#908886，如图6-66，移动"图层1"至"婚纱"图层下方，如图6-67。

图6-66　图层1

图6-67　移动图层

4.首先是对半透明婚纱部分的抠取。选中"婚纱"图层，进入"通道"面板，可以看出"红"通道中婚纱颜色与背景颜色差异较大，在"红"通道上单击鼠标右键，在弹出的快捷菜单中选择"复制通道"命令，得到"红拷贝"通道，如图6-68。

5.为了增加婚纱的半透明效果，需要加强画面的黑白对比。按住快捷键Ctrl+L打开"色阶"面板，调整图像的暗部与亮部，数值如图6-69。

图6-68　"红拷贝"通道　　　　　　图6-69　增加对比度

6.按住Ctrl单击"红拷贝"通道缩览图载入选区，如图6-70。选择RGB通道，再回到"婚纱"图层，为图层添加一个图层蒙版，如图6-71。

图6-70　载入选区

图6-71　添加图层蒙版

　　7.接下来抠取人物部分。复制"人物"图层，得到"人物拷贝"图层，将图层顺序调整如图6-72。

　　8.进入"通道"面板，复制"红"通道，得到"红拷贝2"通道。按住快捷键Ctrl+L打开"色阶"面板，调整人物面部轮廓与背景的明暗对比，效果如图6-73。

图6-72　"人物拷贝"图层　　　　　图6-73　"红拷贝2"通道

　　9.使用钢笔工具勾勒出人物外形，如图6-74，按住快捷键Ctrl+Enter，将路径转换为选区，回到"图层"面板，为图层添加一个图层蒙版，如图6-75。

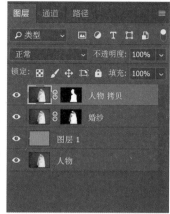

图6-74　抠取人物　　　　　图6-75　添加图层蒙版

　　10.钢笔抠取出的人物头发部分需要进行边缘虚化处理。按住Ctrl+加号键放大头发区域，在前景色为黑色的前提下，使用画笔工具，设置边缘模糊的笔触，不透明度调整为80%，如图6-76，在图层蒙版中涂抹头发的边缘，使头发部分的抠取呈现更自然的效果，效果如图6-77。

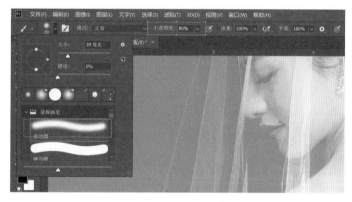

图6-76　设置画笔工具

图6-77　抠取头发

11.执行"文件>存储为"命令，选择保存为"JPEG"格式，完成最终效果图6-78。

图6-78　效果图

【知识拓展】

《中国国家地理》杂志封面

　　《中国国家地理》隶属中国科学院，原名《地理知识》，内容以中国地理为主，兼具世界各地不同区域的自然、人文景观和事件，并揭示其背景和奥秘，另亦涉及天文、生物、历史和考古等领域，是国内著名的地理知识科普的杂志。

　　中国地大物博，江山如此多娇，摄影师在为《中国国家地理》杂志提供图片的同时，杂志美术编辑也在力求用更好的后期处理还原打印时图片的色彩偏差，以更好地完成书籍设计。在书籍版式设计时可以使用通道、滤镜、蒙版等工具为画面增添图片、文字以及图形组合的效果。图6-79便是《中国国家地理》2023年6月刊的封面设计，标志性的红色书框上有蒙版使用的缺口效果，后期处理高保真还原了冰蓝色湖水的冷冽，通过模糊处理增加了视觉上的远近……这一系列巧妙的设计，使读者初看封面就能感受中国山河壮丽的绝美剪影。

图6-79　杂志封面

【项目小结】

　　本项目的两个典型任务介绍了滤镜、蒙版与通道的使用原理及方法，使学习者能够深入体会Photoshop的图像艺术特效、图像合成以及半透明主体物抠取的强大功能。同时在对图像进行后期处理之前，学习者要明确素材图片来源，以及设计作品的最终用途，提升自身的版权保护意识。希望通过本项目学习，能够丰富学习者的创意表现形式，为设计落地增添更多方案选择。

【课后实践】

　　在海报设计中蒙版、通道与滤镜的使用能够实现超现实的画面效果，提升视觉冲击力。例如图6-80与图6-81是央视节目《国家宝藏》的概念海报，在一缕青烟和奔腾的水流中若隐若现地呈现了不同地区宝藏的魅力，体现了国家厚重的历史感。请综合运用所学技能，为你喜欢的任意一个影视节目制作宣传海报吧。

图6-80　海报一　　　　　　图6-81　海报二

项目七　"动"起来的PS

配套资源

【项目导入】

　　在Photoshop软件中不仅仅可以处理静态的图像文件，还可以对图像进行动态化的处理。我们在日常使用手机APP的过程中会经常看到各种各样的GIF小动画，有动起来的云和雨，也有笑起来的猫猫狗狗，还有不停转动的加载圆环……这些简单的GIF小动画都在无形中提升了手机APP的用户体验，缓解了日常的焦虑情绪。如何在Photoshop软件中实现简单动效的制作呢？这就需要使用"时间轴"与"视频帧动画"。本项目从制作"晴天好心情"动态图标、loading加载界面的任务中学习图像的动态效果制作。

【学习目标】

　　1.初识时间轴工具，了解帧和帧动画的概念，掌握时间轴工具的打开、隐藏、帧动画与视频时间轴的切换等方法，能制作简单的GIF小动画；

　　2.学习时间轴工具帧动画工作流程，掌握帧动画的创建、修改属性、编辑帧时间、设置循环等基本操作，并导出为GIF格式；

　　3.学习时间轴工具中视频时间轴的使用方法，掌握时间标尺、当前时间指示器、关键帧导航器与图层持续时间条的基本操作；

　　4.能够全方位对图像处理进行思考，并选择合理的艺术效果进行创意制作，培养创新意识，提升作品的形式美感。

任务1　"晴天好心情"动态图标

【任务描述】

　　随着互联网和5G通讯信息技术时代的发展，电脑、平板、手机等通信设备的功能应用为动态图标的发展提供了良好的环境，例如常见的手机APP和网页界面设计中可见的动态效果。相比静态图标而言，动态图标无论是展示空间、传播方式，还是设计语言、感官体验都产生极大的变化，可以在较短时间内通过灵动的运动变化，有效地吸引注意力，给大家带来较好的空间体验感。天气APP则是大家手机中必备软件之一，请运用时间轴和重复复制等相关操作为天气APP设计"晴天好心情"太阳动态图标，效果如图7-1所示。晴空万里，状态良好，你是否准备好了呢？

图7-1　任务目标

【知识导航】

时间轴工具的帧动画

Photoshop的时间轴工具

Photoshop的时间轴工具在菜单栏的窗口列表中，如图7-2所示，可以通过点击"窗口"中的"时间轴"打开或关闭时间轴工具。

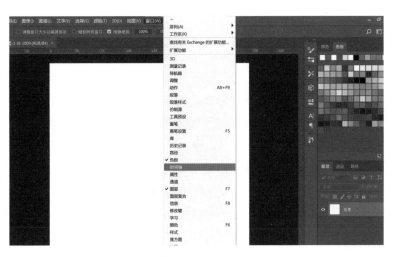

图7-2　打开"时间轴"

1.帧动画的概念

帧动画又叫"逐帧动画"（Frame By Frame），是一种常见的动画形式，其原理是通过"连续的关键帧"让动作连贯地行动起来。在Photoshop的时间轴上的每一个图层名叫"帧"，通过大量的帧累积，并且每帧上内容形成阶段性变化，连续播放就是帧动画的工作原理。

2.时间轴面板

执行"窗口>时间轴"命令打开"时间轴"面板，如图7-3所示，如果是普通图片格式面板内容为空，可以点击面板中心区域"创建视频时间轴"或"创建帧动画"。

图7-3　"时间轴"面板

3.转换为帧动画/转换为视频时间轴

在创建好的视频时间轴的时间轴面板左下方有"转换为帧动画"的指令图标，点击即可转换为帧动画，如图7-4所示。

在帧动画模式中"时间轴"面板左下方指令图标会变为"转换为视频时间轴"，方便大家在帧动画模式和视频时间轴模式间进行切换。

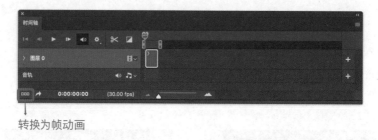

转换为帧动画

图7-4　模式转换

4.帧动画选项

点击"时间轴"面板右上角时间轴选项图标，可以新建帧、拷贝单帧、删除帧等操作，如图7-5所示，部分指令在时间轴面板的下方也有对应图标。

在"帧动画"面板中可以使用以下功能：

· 循环选项：设置帧动画在作为GIF格式导出时的总共播放次数。

· 每一帧时间：设置帧动画在播放过程中每一帧的持续时间。

· 过渡动画帧：在选中的两个帧之间添加一系列帧，达到补充帧数的效果。

· 复制所选帧：通过复制面板中所选定的某一帧达到添加新一帧的目的。

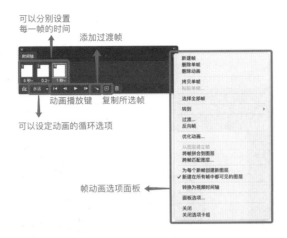

可以分别设置
每一帧的时间

添加过渡帧

动画播放键　复制所选帧

可以设定动画的循环选项

帧动画选项面板

图7-5　帧动画选项

5.将"帧"添加到动画

添加帧是创建帧动画的第一步。打开或新建一个Photoshop的文件时（非动画文件格式）"时间轴"面板将会默认当前显示图像为帧动画的第一帧。点击添加的每个"帧"都是上一个"帧"的副本。需要注意的是背景图层不能创建动画，需要添加新图层或将背景图层转换为常规图层才能进行帧动画编辑。

如若打开了GIF等动画文件格式，Photoshop会自动解析GIF文件，"时间轴"面板内容也会显示该文件对应的全部帧以供编辑。

GIF格式文件的存储

对动画的操作完成之后，执行"文件>导出>储存为Web所用格式（旧版）"，可导出效果预览，如图7-6，将格式设为"GIF"，点击"存储"即可。

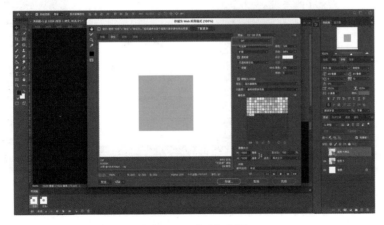

图7-6　存储动画

【任务实施】

1.启动Adobe Photoshop，执行"文件>新建"命令，在Photoshop中新建500×500px的画布。

2.使用椭圆工具新建一个200×200px的正圆形，颜色为#ff6b55，描边为黑色10px。绘制好后使用移动工具将它水平居中对齐、垂直居中对齐放置于画布中心，如图7-7。

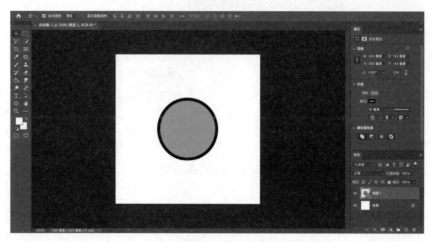

图7-7　绘制圆形

3.使用快捷键Ctrl+R打开标尺，在"视图>对齐到"中勾选参考线、图层等对齐选项。接下来从左标尺栏拉出蓝色垂直辅助线至圆形中心位置；从顶标尺栏拉出水平辅助线至圆形中心位置，此时辅助线已定位出圆心位置，如图7-8。

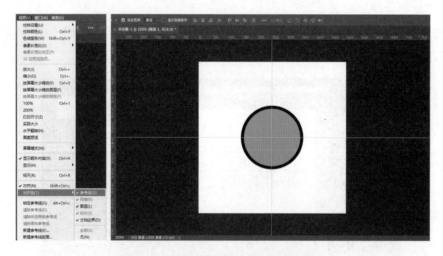

图7-8　定位圆心

4.使用矩形工具新建一个1×40px、圆角为0.5px的圆角矩形，颜色为#ff6b55，描边为黑色10px。使用移动工具将绘制好的圆角矩形放置于圆形正上方，两者呈现垂直对齐状态；在"移动工具"状态下选择"矩形1"图层，按住Ctrl键不松开，将光标放置在圆形上可以看见玫红色的智能参考线，与蓝色的辅助线不同，智能参考线能显示图层与图层之间的相对距离，将"矩形1"与圆形距离调整为30px，效果如图7-9。

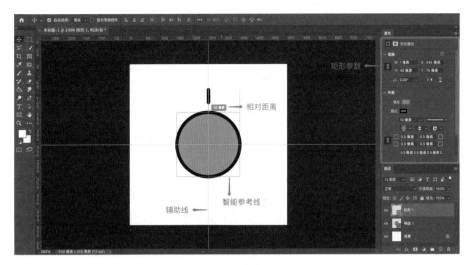

图7-9　矩形1

5.使用快捷键Ctrl+J复制图层"矩形1"得到"矩形1拷贝"。

6.选择"矩形1拷贝"使用快捷键Ctrl+T打开自由变换工具，找到"矩形1拷贝"的中心点，按住Alt键将中心点移动至辅助线交点的圆形中心位置，如图7-10；在自由变换工具选项栏中更改角度为45°，矩形就会绕新的中心点位置旋转，旋转后点击确认，如图7-11。

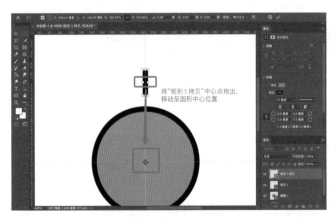

图7-10　矩形1拷贝

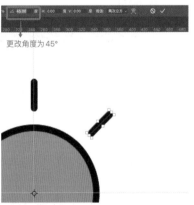

图7-11　更改角度1

7.使用快捷键Ctrl+Shift+Alt+T"复制并重复上一步变换"6次，复制图层"矩形1拷贝"，得到6个绕圆心中心点位置、重复上一步变换的矩形，如图7-12。

8.新建分组，将所有矩形一起选中放置于该"组1"内；使用快捷键Ctrl+J复制图层组"组1"，得到"组1拷贝"，如图7-13。

9.选中"组1拷贝"使用快捷键Ctrl+T打开自由变换工具，在自由变换工具选项栏中更改角度为22.5°，如图7-14，点击确定；旋转以后将"组1拷贝"的图层可见性设置为隐藏，如图7-15。

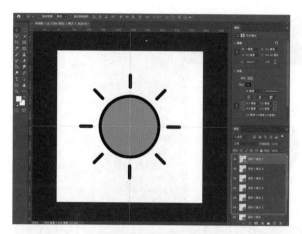

图7-12　组1

图7-13　组1拷贝

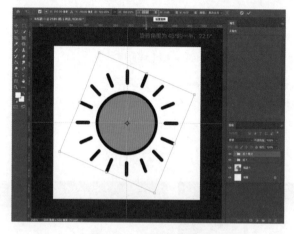

图7-14　更改角度2

图7-15　隐藏"组1拷贝"

10.执行"窗口>时间轴"，点击"创建帧动画"，即可在画布中得到内容为"组1"的帧动画第1帧，如图7-16。

11.在"时间轴"面板复制所选帧，得到第2帧；选中第2帧，将"组1"的图层可见性设置为隐藏，打开"组1拷贝"的图层可见性，如图7-17。

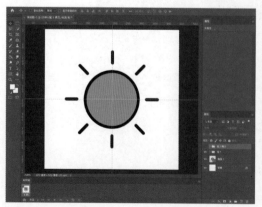

图7-16　第1帧

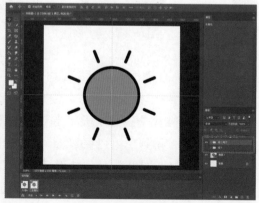

图7-17　第2帧

12.在"时间轴"面板中选中第1帧和第2帧，点击帧下方的时间，将每一帧时间更改为"0.2秒"，如图7-18所示；循环为"永远"，点击播放就能预览太阳光线旋转的效果。

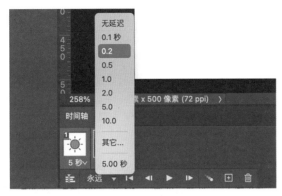

图7-18　设置帧时间

13.执行"文件>导出>储存为Web所用格式（旧版）"即可存储"晴天好心情"太阳动态图标，如图7-19，最终完成任务1。

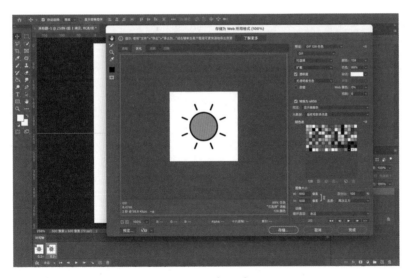

图7-19　动画效果

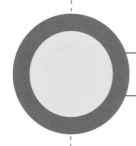

任务2　loading加载界面

【任务描述】

5G时代，人们随着互联网的发展对网络的速度要求与日俱增，网络"提速"也日益频繁。然而，在遇到软件加载大量页面、App首页内容刷新、用户的下载文件体积大，或者是屏幕内信息交互处理耗时等情况时，仍会出现加载等待的页面。在用户等待信息加载时，设计师通常会给页面加入动画效果，缓解等待过程中所产生的焦躁情绪，从而转移用户注意力、降低等待感。在UI设计中合理有效地插入简洁、直观微动效的图像，能够增添页面的趣味性，提升用户体验。接下来请运用"视频时间轴"相关操作设计制作loading加载界面动画，效果如图7-20所示。一起用动效拓展平面的视觉维度，让界面加载动起来吧！

图7-20　任务目标

【知识导航】

视频时间轴工具

在Photoshop中"视频时间轴"的整个动画是一个整体连贯的图层或智能对象，可以对其进行裁剪、关闭音频、添加转场效果。在编辑视频时调整关键帧的混合模式、不透明度、位置、变换和图层样式，能够使图层内的图像产生流畅的动画效果。

1.关键帧的概念

大多数视频制作中，出现频率最高的词便是"关键帧"。一段动画是由无数帧画面连续排列播放的效果，播放的帧数越多，画面看起来越流畅。而关键帧所指含义，是在构成一段动画的若干帧中起决定性作用的2~3帧。关键帧记录当前图层及当前时间的所有关键信息，从一个关键帧到下一个关键帧之间所产生的位置或样式的变化，在视频时间轴内会形成一段连贯可播放的视频。

2.启动视频时间轴

执行"窗口>时间轴"，点击面板中的"创建视频时间轴"进行视频时间轴的创建，如图7-21所示。

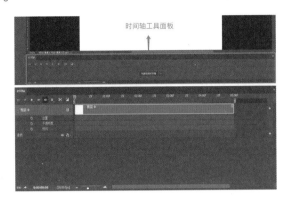

图7-21　视频时间轴

3.视频时间轴面板

在创建好的"时间轴"面板中，有分工明确的各个工作区域，如图7-22所示。主要操作及功能是通过在图层持续条上移动时间指示器的光标，确定时间标尺上所显示的位置，打开对应秒表添加关键帧，从而使图层图像在某几个固定时间位置上产生动态变化。

·时间指示器：拖动当前时间指示器可在某个位置添加、取消帧或者浏览帧的变化。

·时间标尺：根据文档设定的持续时间和帧速率，显示相应的时间数字及刻度线在标尺上。（从菜单中选取"文档设置"可更改持续时间或帧速率。）

·秒表：启用或停用图层属性的关键帧设置。

·图层持续时间条：可观测图层的持续时间，通过拖动和裁剪可调整图层的持续时间。

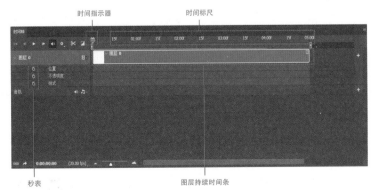

图7-22　视频时间轴面板

4.视频时间轴的功能控件

在视频时间轴中，常使用以下功能控件，如图7-23所示：

· 播放选项：可播放和暂停动画预览，能够便捷跳转到第一帧、上一帧、下一帧的位置。

· 音频选项：控制声音播放或静音。

· 设置选项：设置视频分辨率和循环播放选项。

· 媒体选项：可添加新建或替换删除媒体。

· 音轨选项：可添加新建或替换删除音轨。

· 关键帧导航器：左右两侧箭头按钮可将时间指示器从当前位置移动到上一个或下一个关键帧。单击中间的按钮可添加或删除当前时间的关键帧。

· 视频渲染：在时间线上生成适时的视频预览以便编辑，也可直接将文件存储为视频。

· 时间码显示：显示当前帧的时间码或帧号（取决于面板选项）。

· 帧速率：指每秒钟刷新的图片的帧数。每秒钟帧数（FPS）越多，所显示的视频就会越流畅。

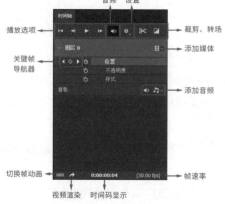

图7-23　视频时间轴功能控件

【任务实施】

1.启动Adobe Photoshop，执行"文件>新建"命令，在Photoshop中新建500×500px的画布。

2.使用椭圆工具绘制一个200×200px的正圆形，填充颜色设置为无，描边为30px，图层命名为"椭圆1"。使用移动工具将它水平居中对齐、垂直居中对齐放置于画布中心，如图7-24。

3.接下来设置描边的颜色为渐变样式。点击描边样式中的渐变图标 ▣ ，如图7-25，选择基础渐变样式，双击颜色角标将默认颜色更改为#006cc0；设置渐变方式由默认的"线性"更改为"角度"，再点击左侧的切换方向图标 ▣ ，微调右侧颜色角标，如图7-26。

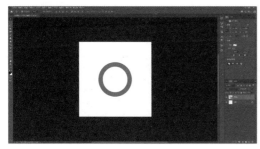

图7-24　椭圆1　　　　图7-25　选择渐变样式　　图7-26　设置
　　　　　　　　　　　　　　　　　　　　　　　　渐变方式

4.新建图层，使用椭圆工具创建一个30×30px的正圆形，填充颜色为#006cc0，描边为无，图层命名为"椭圆2"。使用移动工具利用自动对齐功能将圆形放置于200×200px椭圆的上方角度缺口，效果如图7-27。复制"椭圆2"图层，得到"椭圆2拷贝"图层，按住Shift键将其垂直移动至"椭圆1"的下方，如图7-28，并将"椭圆2拷贝"图层的不透明度降为0%。

图7-27　椭圆2　　　　　图7-28　椭圆2拷贝

5.在图层面板中选中图层"椭圆2"和"椭圆2拷贝"图层，右键调出快捷选项"转换为智能对象"，如图7-29。同样也将"椭圆1"图层转换为智能对象，如图7-30，为动态效果制作而做准备。

图7-29　转换智能对象1　　　图7-30　转换智能对象2

6.执行"窗口>时间轴"命令打开"时间轴"面板,点击"创建视频时间轴"。调整视频时间的持续时长,设置图层持续时间栏的结尾在02:00f左右,如图7-31。

图7-31　调整时长

7.打开图层下拉面板,如图7-32,点击控制变换的关键帧秒表开关  ,如图7-33,开始制作旋转效果。

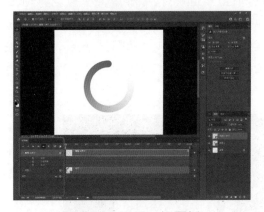

图7-32　图层下拉面板　　　　图7-33　关键帧秒表开关

8.选中"椭圆2拷贝"图层的持续时间栏,将时间指示器的光标移动至时间码显示为20f的位置。再回到画布工作区域,使用快捷键Ctrl+T打开"自由变换工具",将图层"椭圆2拷贝"顺时针旋转120°,旋转过程中按住Shift键可每15°增量递进,点击上方选项确认变换即可自动生成一帧关键帧,如图7-34。

图7-34　旋转120°

9.在步骤8的基础上,持续向右移动时间指示器至01:10f(10f)的位置,顺时针旋转图层"椭圆2拷贝"120°点击确定,如图7-35。再次移动时间指示器至图层持续时间栏的末尾,顺时针旋转"椭圆2拷贝"120°,旋转一周回到初始点,此时图层"椭圆2拷贝"完成了动态旋转效果的制作,如图7-36。

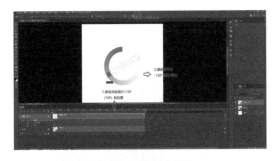
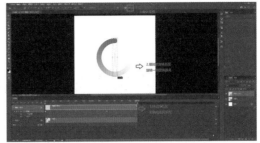

图7-35　旋转240°　　　　　　　图7-36　旋转360°

10.在"图层"面板中选择"椭圆1"图层，如图7-37。回到"时间轴"面板，将时间指示器移动至图层持续时间栏的最左端，打开图层"椭圆1"的下拉按钮，点击控制变换的关键帧秒表 🕑 开关，如图7-38，开始记录"椭圆1"图层的动态效果关键帧。

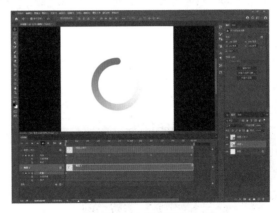

图7-37　选择图层　　　　　　　图7-38　关键帧秒表开关

11.在"时间轴"面板的"椭圆2拷贝"下拉选项中，选择"关键帧导航器>转到下一个关键帧"，即可快速将时间指示器的光标跳转至已设置的10f关键帧位置，如图7-39。回到画布工作区域，使用快捷键Ctrl+T打开自由变换工具，将图层"椭圆1"顺时针旋转120°，与图层"椭圆2拷贝"的动态位置重合，点击确定生成一帧关键帧，如图7-40。

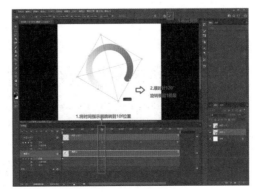

图7-39　跳转关键帧1　　　　　　图7-40　旋转120°

12.同理，根据以上步骤继续重复操作。在"椭圆2拷贝"下拉选项中，选择"关键帧导航器>转到下一个关键帧"，将时间指示器的光标跳转至01:10f（10f）的位置，如图7-41，顺时针旋转图层"椭圆1"120°，点击确定，如图7-42。

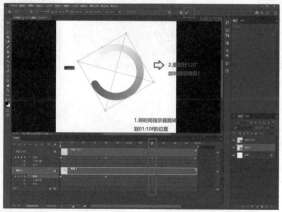

图7-41　跳转关键帧2　　　　　　　图7-42　旋转240°

13.再次在"椭圆2拷贝"中，选择"关键帧导航器>转到下一个关键帧"，如图7-43，时间指示器来到持续时间栏的末尾，将图层"椭圆1"顺时针旋转120°回到原点，点击确认，如图7-44，完成图层"椭圆1"的动态旋转效果。

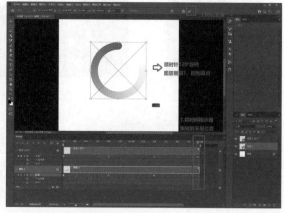

图7-43　跳转关键帧3　　　　　　　图7-44　旋转360°

14.至此，视频时间轴的操作部分完成，点击设置按钮 ⚙ "设置回放选项>循环播放"设置永久循环，点击播放按钮预览动态效果，如图7-45所示。

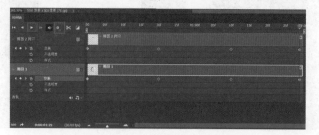

图7-45　设置永久循环

15.执行"文件>导出>储存为Web所用格式（旧版）"即可存储loading界面加载动效，如图7-46，最终完成任务2。

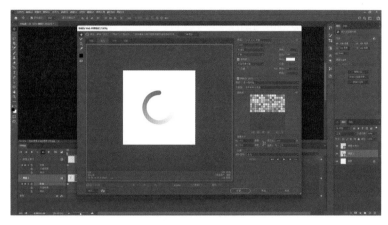

图7-46　动画效果

 【知识拓展】

《如果国宝会说话》动态宣传海报

　　动态海报，是近几年海报在媒介传播中流行的形式。相比静态海报而言，动态海报最大的特点在于其可"动"，能增添平面海报中的新奇感，生动体现海报宣传所表达的设计内涵。

　　《如果国宝会说话》是中央电视台纪录片频道制作的一档文物纪录片，该纪录片介绍不同文物国宝的故事，讲解其背后蕴含的中国精神与文化价值，起到宣传国宝、传播中国优秀传统文化的作用。在开播当即，官媒应时推出了一系列动态宣传海报，每张海报上融合了匠心巧思的创意，配合动态效果，几件精美的文物宛如从博物馆的橱窗中"款款走来"，跃然于观众眼前。其中的《洛神赋图》就作为首图出现，海报还原《洛神赋图》的部分原画，并配以人物、场景动态变化，使得画面栩栩如

图7-47　宣传海报

生、一眼惊艳。海报中洛神飘逸灵动的裙袂、水波荡漾着舳舻，无一不给整张海报增添洛水河畔意蕴无穷的浪漫情愫、文雅氛围，充分展现了中国传统文化的魅力，如图7-47。

在数字化发展的今天，畅通无阻的网络信息传递往往也更需要高效的接收。文化传承的过程也是一样，由早期的平面纸媒传播，到如今依托电子端媒介进行更大范围、低成本、便捷的传播，这离不开借助新兴传播形式媒介的承载与推动，也离不开人们文化保护意识与宣传意识的守护。作为设计学习者或工作者，需紧跟时代步伐，力求以新的形式、高质量的设计表达，积累生生不息的文明力量于设计作品之中，传播优秀传统文化。

 【项目小结】

Photoshop的时间轴功能可为平面静态的设计作品添加动态变化。在设计运用时，根据设计需求，将画面进行逐帧连接，不仅能使作品形成具有视觉表现力的连续化影像，还能够促成作品中主要元素之间的情景氛围，加强数字互动的趣味性，从而更深层次达到视觉传达的效果。本项目讲解了Photoshop软件中"帧动画时间轴"与"视频时间轴"的操作方法，从实用的项目与案例着手，增强学习者创新意识和动手能力，为设计作品的平面效果增添多维度空间，提升作品的表现力。

 【课后实践】

学而勤练方能学得扎实、沉稳。图7-48是运用本章节所学的帧动画时间轴、视频时间轴工具完成的"晴天好心情"动态图标范例。请参考图7-48或选择小雨、飘雪、雷电等任一类型天气图标，为其制作飘落消失或下降的效果吧！

图7-48　参考图标

参考文献

[1]尤凤英. Photoshop平面设计项目教程（微课版）[M].北京:清华大学出版社，2020.

[2]周建国. Photoshop CC新媒体图形图像设计与制作（全彩慕课版）[M].北京：人民邮电出版社，2022.

[3]邹羚. Photoshop图像处理项目式教程（第4版）（微课版）[M].北京：电子工业出版社，2021.

[4]高培. 图形创意[M].南京：南京大学出版社，2021.

[5]李天飞. Photoshop 图形图像处理翻转课堂[M].北京：中国铁道出版社，2017.

[6]殷辛.Photoshop实用教程（第2版）[M].上海：上海交通大学出版社，2018.

[7][英]尼克·马洪.创意思维[M].北京:中国青年出版社，2012.